映像作家100人+100

Japanese Motion Graphic Creators

Japanese Motion Graphic Creators 100 + 100

Published in 2017 by BNN, Inc.
1-20-6, Ebisu-minami, Shibuya-ku,
Tokyo, 150-0022 Japan
www.bnn.co.jp

©2017 BNN, Inc.
ISBN978-4-8025-1051-6
Printed in Japan

FROM EDITORS

『映像作家100人』シリーズはこの10年間、映像作家たちが織りなす創造のシーンを見つめ続けてきました。発行当初、比較的裏方の仕事であった映像クリエイターも、今やさまざまな領域に活動の場が広がり、「映像作家」という呼称もずいぶんと一般化したように思います。そんな「映像作家」という名を冠した書籍で私たちが目指したことは、この広大な創造のフィールドでどのようなことが行われているか、そのアウトラインを描き出すことでした。

そのために行ったのが、とにかく多様な種類の表現を収集するということでした。アナログな領域からデジタルな領域まで、映像作家の生息域はとても広範囲にわたり、なかでも、表現の「可能性」の要素をできるだけ抽出して見せることに、私たちはセレクトの主眼をおいてきました。すでに評価が確定した表現を抽出する役割を持つ「年鑑」と、本書が異なる点はそこにあります。こうした書籍の方向付けは編集方針といわれるものですが、実際に書籍を発行し続けるなかでこういった姿勢を一貫して育てることができたのは、たくさんの方々の反応や励まし、助言や推薦があったからです。

この10年の間にも多くの変化がありました。特にコマーシャルな分野で、思いもしなかった斬新なクリエイターの起用や、実験的な組み合わせが多く見受けられました。世の中のいろいろな仕事を目にするにつけ、現実のほうが編集意図を超えて面白いと思い知らされることもしばしばあります。書籍の制作を通じていつも教えられることは、人々の持つ創造性の力、そしてその可能性の大きさについてです。

新しい価値を作り出すこと。それはすでに現代の人々の営みのひとつですが、しかしいまだに目に見えにくく、社会的な位置づけも曖昧な行為です。一方で、そうした活動がいつでも、どこでも行われ続けている。その事実は驚くべきことではないでしょうか。書籍という存在は小さいものですが、それでも寄る辺ない世界で、いつもそこにある礎のようなものになれると、活動を続けるなかで私たちは考えるようになりました。そんな思いを込めて始まったのが、私たちの次の展開である、『映像作家100人』のオンライン化プロジェクトです。こちらは今まさに制作中。楽しみに待っていてくださいね。

映像作家クリエイティブファイル
ARCHIVES OF WORK & PROFILES

CREATOR 100

p016	001	AC部	AC-bu
p018	002	赤地剛幸	Takayuki Akachi
p020	003	新井風愉	Fuyu Arai
p022	004	荒牧康治	Koji Aramaki
p024	005	馬場一萌	Hajime Baba
p026	006	番場秀一	Shuichi Bamba
p028	007	小林健太	Kenta Cobayashi
p030	008	でんすけ28号	Densuke28
p032	009	江口カン	Kan Eguchi
p034	010	ユーフラテス	EUPHRATES
p036	011	藤代雄一朗	Yuichiro Fujishiro
p038	012	福田泰崇	Yasutaka Fukuda
p040	013	古屋遙	Haruka Furuya
p042	014	グルーヴィジョンズ	groovisions
p044	015	オタミラムズ	OTAMIRAMS
p046	016	春山DAVID祥一	Shoichi DAVID Haruyama
p048	017	橋本麦	Baku Hashimoto
p050	018	橋本大佑	Daisuke Hashimoto
p052	019	林響太朗	Kyotaro Hayashi
p054	020	東弘明	Hiroaki Higashi
p056	021	ひらのりょう	Ryo Hirano
p058	022	平岡政展	Masanobu Hiraoka

p060	023	ホーストン	HORSTON
p062	024	細金卓矢	Takuya Hosogane
p064	025	池田一真	Kazuma Ikeda
p066	026	稲葉秀樹	Hideki Inaba
p068	027	稲葉まり	Mari Inaba
p070	028	稲垣ごう	Go Inagaki
p072	029	伊波英里	Eri Inami
p074	030	いよりさき	Saki Iyori
p076	031	冠木佐和子	Sawako Kabuki
p078	032	掛川康典	Yasunori Kakegawa
p080	033	鎌谷聡次郎	Sojiro Kamatani
p082	034	**KASICO**	**KASICO**
p084	035	川村真司	Masashi Kawamura
p086	036	川沢健司	Kenji Kawasawa
p088	037	喜田夏記	Natsuki Kida
p090	038	北畠遼	Ryo Kitabatake
p092	039	北村みなみ	Minami Kitamura
p094	040	近藤樹	Tatsuki Kondo
p096	041	黒田賢	Satoshi Kuroda
p098	042	桑原季	Minori Kuwabara
p100	043	牧野惇	Atsushi Makino
p102	044	真鍋大度	Daito Manabe
p104	045	水江未来	Mirai Mizue
p106	046	水尻自子	Yoriko Mizushiri
p108	047	持田寛太	Kanta Mochida
p110	048	森江康太	Kohta Morie
p112	049	森野和馬	Kazuma Morino
p114	050	長添雅嗣	Masatsugu Nagasoe

TABLE OF CONTENTS

p116	051	中間耕平	Kouhei Nakama
p118	052	南條沙歩	Saho Nanjo
p120	053	西郡勲	Isao Nishigori
p122	054	ノガミカツキ	Katsuki Nogami
p124	055	ぬQ	nuQ
p126	056	大橋史	Takashi Ohashi
p128	057	及川佑介	Yusuke Oikawa
p130	058	大川原亮	Ryo Okawara
p132	059	岡崎智弘	Tomohiro Okazaki
p134	060	オオクボリュウ	Ryu Okubo
p136	061	ONIONSKIN	ONIONSKIN
p138	062	onnacodomo	onnacodomo
p140	063	小野哲司	Tetsuji Ono
p142	064	大月壮	Sou Ootsuki
p144	065	らっパル	rapparu
p146	066	最後の手段	SAIGO NO SHUDAN
p148	067	坂本渉太	Shota Sakamoto
p150	068	サヌキナオヤ	Naoya Sanuki
p152	069	関根光才	Kosai Sekine
p154	070	柴田大平	Daihei Shibata
p156	071	志賀匠	Takumi Shiga
p158	072	島田大介	Daisuke Shimada
p160	073	清水康彦	Yasuhiko Shimizu
p162	074	ショウダユキヒロ	Yukihiro Shoda
p164	075	曽根光揮	Koki Sone
p166	076	田島太雄	Tao Tajima
p168	077	竹林亮	Ryo Takebayashi
p170	078	竹内泰人	Taijin Takeuchi

p172	079	玉田伸太郎	Shintaro Tamada
p174	080	田向潤	Jun Tamukai
p176	081	田中宏大	Kodai Tanaka
p178	082	田中裕介	Yusuke Tanaka
p180	083	タンゲフィルムズ	TANGE FILMS
p182	084	谷口暁彦	Akihiko Taniguchi
p184	085	谷山剛	Tsuyoshi Taniyama
p186	086	東市篤憲	Atsunori Toshi
p188	087	土屋貴史（TAKCOM）	Takafumi Tsuchiya (TAKCOM)
p190	088	辻川幸一郎	Koichiro Tsujikawa
p192	089	常橋岳志	Takeshi Tsunehashi
p194	090	浮舌大輔	Daisuke Ukisita
p196	091	矢吹誠	Makoto Yabuki
p198	092	山田健人	Kento Yamada
p200	093	山田智和	Tomokazu Yamada
p202	094	山口崇司	Takashi Yamaguchi
p204	095	シシヤマザキ	ShiShi Yamazaki
p206	096	安田大地	Daichi Yasuda
p208	097	安田昂弘	Takahiro Yasuda
p210	098	泰永優子	Yuko Yasunaga
p212	099	YKBX	YKBX
p214	100	横堀光範	Mitsunori Yokobori

※本文中の各連絡先・URLアドレスは、2017年3月時点のものであり、予告なしに変更される可能性がございます。弊社ではサポート致しかねることをご了承下さい。
※本文中の作品名、プロジェクト名、クライアント名、ブランド名、商品名、その他の固有名詞、発表年度に関しては、作家各自より提示された情報をもとに掲載しています。
※本文中の製品名は、各社の商標または登録商標であり、それぞれの帰属者の所有物です。

TABLE OF CONTENTS

映像作家クリエイティブファイル
ARCHIVES OF WORK & PROFILES

PRODUCTION 100

p218	001	アンドフィクション株式会社	&FICTION!
p218	002	+Ring	+Ring
p219	003	株式会社ヨンサンサン	4-3-3 INC.
p219	004	エーフォーエー	A4A
p220	005	オールド株式会社	ALLd. inc.
p220	006	アマナ異次元	amana ijigen
p221	007	株式会社 AnimationCafe	AnimationCafe Inc.
p221	008	BABEL LABEL	BABEL LABEL
p222	009	ビービーメディア株式会社	BBmedia Inc.
p222	010	株式会社　回	Cai Inc.
p223	011	CAVIAR LIMITED	CAVIAR LIMITED
p223	012	セカイ	CEKAI
p224	013	クラブエー	CluB_A
p224	014	株式会社クラフター	CRAFTAR Inc.
p225	015	クリプトメリア	CRYPTOMERIA
p225	016	株式会社デイジー	daisy Inc.
p226	017	株式会社ダンスノットアクト	Dance Not Act Inc.
p226	018	株式会社 電通クリエーティブ X	Dentsu Creative X Inc.
p227	019	ディクショナリーフィルムズトーキョー	Dictionary Films Tokyo
p227	020	株式会社デジデリック	Digidelic Inc.
p228	021	クリエイティブ ハブ スイミー	Creative Hub Swimmy
p228	022	株式会社 drawiz	drawiz inc.

p229	023	有限会社イアリンジャパン	Eallin Japan Co.,Ltd.
p229	024	イーズバック	easeback
p230	025	株式会社エルロイ	ellroy Inc.
p230	026	エンジングループ	ENGINE GROUP
p231	027	株式会社 EPOCH	EPOCH inc.
p231	028	株式会社フラッグ	flag Co.,Ltd.
p232	029	株式会社 flapper3	flapper3 Inc.
p232	030	株式会社フラックス	FLUX
p233	031	フォグホーン	FOGHORN
p233	032	株式会社 FOV	FOV co.,ltd.
p234	033	株式会社画龍	GARYU CORPORATION
p234	034	株式会社ギークピクチュアズ	GEEK PICTURES INC.
p235	035	株式会社 グッドフィーリング	GoodFeeling Inc.
p235	036	ガンズロック	GunsRock inc.
p236	037	ホーダウン	HOEDOWN
p236	038	有限会社 アイウォズ・ア・バレリーナ	I was a Ballerina
p237	039	jitto inc.	jitto inc.
p237	040	株式会社 KEYAKI WORKS	KEYAKI WORKS CO.,LTD.
p238	041	株式会社カーキ	Khaki
p238	042	キックス	KICKS
p239	043	株式会社キラメキ	kirameki inc.
p239	044	空気	KOO-KI
p240	045	ホットジパング	HOT ZIPANG
p240	046	株式会社ライト・ザ・ウェイ	LIGHT THE WAY Inc.
p241	047	株式会社リキ	LIKI inc.
p241	048	Lili	Lili
p242	049	株式会社ルーデンス	Ludens Co.,Ltd.

TABLE OF CONTENTS

p242	050	株式会社 前田屋	MAEDAYA.INC
p243	051	マーク	MARK
p243	052	maxilla	maxilla
p244	053	株式会社 祭	MAZRI Inc.
p244	054	ネイキッド	NAKED Inc.
p245	055	株式会社 二番工房	NIBAN-KOBO PRODUCTIONS CORP.
p245	056	株式会社 NISHIKAIGAN	NISHIKAIGAN CO.,LTD.
p246	057	ノースショア株式会社	northshore Inc.
p246	058	November, Inc.	November, Inc.
p247	059	オッドジョブ	ODDJOB
p247	060	株式会社オムニバス・ジャパン	OMNIBUS JAPAN Inc.
p248	061	株式会社トリプル・オー	OOO = triple-O
p248	062	株式会社ピクス	P.I.C.S. Co., Ltd.
p249	063	PARABOLA	PARABOLA
p249	064	株式会社 パラゴン	PARAGON
p250	065	株式会社 パーティー	PARTY
p250	066	プラモブ	PLAMOV
p251	067	パワーグラフィックス	POWER GRAPHIXX inc.
p251	068	株式会社 パズル	puzzle inc.
p252	069	株式会社コトリフィルム	Qotorifilm Inc.
p252	070	Rhizomatiks	Rhizomatiks
p253	071	株式会社ロボット	ROBOT
p253	072	ロックンロール・ジャパン株式会社	ROCK'N ROLL, JAPAN K.K.
p254	073	株式会社 ランハンシャ	Run-Hun,sha Co.,Ltd.
p254	074	サンカク	sankaku
p255	075	スクール	school

p255	076	株式会社セップ	SEP,inc.
p256	077	スランテッド	slanted
p256	078	SOLA DIGITAL ARTS Inc.	SOLA DIGITAL ARTS Inc.
p257	079	株式会社スプーン	Spoon Inc.
p257	080	ステディ株式会社	STEADY Inc.
p258	081	STORIES 合同会社	STORIES INTERNATIONAL, INC.
p258	082	株式会社ストライプス	STRIPES, INC.
p259	083	株式会社スタジオコロリド	STUDIO COLORIDO CO., LTD.
p259	084	サンディ株式会社	Sundy inc.
p260	085	有限会社タングラム	TANGRAM co.ltd
p260	086	チームラボ	teamLab
p261	087	ティ・ビィ・グラフィックス	teevee graphics
p261	088	シンカー	THINKR
p262	089	株式会社トボガン	TOBOGGAN INC.
p262	090	株式会社 東北新社	TOHOKUSHINSHA FILM CORPORATION
p263	091	TOKYO	TOKYO
p263	092	トトト	TOTOTO
p264	093	株式会社トリプルアディショナル	Triple Additional co.,ltd.
p264	094	株式会社ティモテ	TYMOTE
p265	095	TYO drive	TYO drive
p265	096	TYO モンスター	TYO MONSTER
p266	097	株式会社 ビジュアルマントウキョー	VISUALMAN TOKYO Co.,Ltd.
p266	098	株式会社ワイズ	wise inc.
p267	099	ワウ株式会社	WOW inc.
p267	100	wowlab	wowlab

INFORMATION

「映像作家100人」はオンラインへ。
日本最大の映像作家アーカイブを目指します。

『映像作家100人』発刊からはや10年、映像業界はこの間に巨大な変化にさらされてきました。オンライン配信やスマホ視聴の比重が高まり、MVや広告といった王道のカテゴリーから新たな領域に需要がわたることで体験が多様化し、クリエイターの姿勢や目的も変わりつつあります。このような創造環境の大きな変化を踏まえ、10年を経た『映像作家100人』も大きな変身を遂げます。まずは、これまで付録DVDが担ってきた映像視聴が可能なサイトを準備し、1年をかけてクリエイターや発注者と共に業界を活性化する「場」として生まれ変わります。本書付属のシリアルキーを登録することで、1年間の視聴ライセンスを取得できます。

まずはメール登録：本サイト公開前

1 ティザーサイトにアクセスし、メールアドレスを登録。

2 サイト完成までお待ちを。メールでお知らせします。

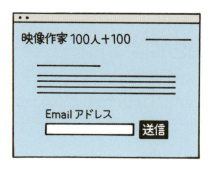

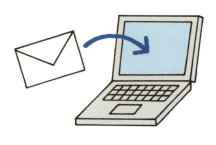

http://www.eizo100.jp/
（本サイトのURLも同様です）

本サイトにアクセス

「映像作家100人」オンライン化計画

1　100人を超えるクリエイターたち

オンライン化によって「映像作家100人」はページ数の制約から解放されます。本書籍に掲載の200人に加え、今後、編集部がセレクトしたクリエイターたちが本サイトに参加していきます。

2　年間を通して新作を随時追加

「年刊」という発行方法を進化させ、より柔軟に、より素早くコンテンツを発信していくことが可能になります。クリエイターの進化に合わせたコンテンツ配信のスタイルを採用する予定。ご期待ください。

3　期限はサインアップから1年間

視聴期限はサインアップした日から365日。新たに視聴ライセンスを購入いただくことで、視聴期限を1年延長することができます。また、一度視聴ライセンスを購入すれば、過去のアーカイブをすべて視聴できます。

本サイト公開後

3　本サイトにアクセス。メールアドレスとシリアルキーを入力。

4　シリアルキーが認証されたら、自身のパスワードを設定。

シリアルキーはこちら（2重シールになっています）　　（1年間お楽しみいただけます）

映像作家クリエイティブファイル
ARCHIVES OF WORK & PROFILES

CREATOR 100

CREATOR 100	E-MAIL/ info@ac-bu.info URL/ ac-bu.info	CATEGORY/ MV, CM, TV, Short Movie, Illustration TOOLS/ After Effects, Photoshop, Procreate

001/100　　　AC部　　　AC-bu

MV - group_inou, CATCH(©GAL, 2016)

CM - 投資用不動産のリフレクトプロパティ「よけろ！藤原くん」(©REFLECT PROPERTY, BURG HAMBURG BURG, 2016)

1999年頃に多摩美術大学在学中に結成されたCGアニメ制作チーム。ハイテンションで濃厚なビジュアル表現を持ち味とする部活。アニメーションやイラスト制作を主軸にしながら、GIFマンガや高速紙芝居といった新たなジャンルでの活動も行っている。主な受賞歴に「ユーロボーイズ」NHKデジタルスタジアムデジスタアウォード2000グランプリ／「安全運転のしおり」第18回文化庁メディア芸術祭エンターテインメント部門審査委員会推薦作品など。

MV - the chef cooks me「最新世界心心相印」（©the chef cooks me, 2017）

CM - ムー認定超都市伝説ガチャ（©TAP ENTERTAINMENT INC., 2017）

017

CREATOR 100

BELONG TO/ TANGRAM co.ltd
TEL/ +81(0)90 3876 1592
E-MAIL/ aka@tangram.to
URL/ akachi.jp

CATEGORY/ CM, Web Movie
TOOLS/ Premiere, DaVinci Resolve

002/100　　赤地剛幸　　Takayuki Akachi

Original -「CANAL EXPRESS」(2016) Director: Takayuki Akachi

CM -「sense of wonder」(©INDEN-YA, 2017) Director: Takayuki Akachi

Web -「Neighborhood of Andaz Tokyo」(©Andaz, 2014) Director: Takayuki Akachi

1974年東京都生まれ。世界の暮らしを「その場所のその時」としてシンプルに撮影していく映像作家である。ハンディカメラによる単独撮影を得意とし、身軽なフットワークで撮影されたフッテージは世界80カ国にのぼる。映像ディレクターとしてTANGRAMに所属し、NIKE、Google、ANA、UNIQLO、ASICSなどの広告映像も手掛ける。

Web -「2020TOKYO誘致映像」(©TOKYO METROPOLITAN GAVERNMENT, 2013) Director: Takayuki Akachi

Web -「UNIQLO」(©UNIQLO CO., LTD., 2012) Director: Takayuki Akachi

Web -「MANY STEPS」(©ASICS Europe B.V., 2011) Director: Takayuki Akachi

CREATOR 100

BELONG TO/ ROBOT
TEL/ +81(0)3 3760 1282
E-MAIL/ muka@robot.co.jp
URL/ araifuyu.com

CATEGORY/ TV-CM, Web Movie, MV, Exhibition Movie
TOOLS/ Photoshop, Premiere, After Effects

003/100 新井風愉　Fuyu Arai

TV-CM, Web CM - 関電工「光を灯す」(©Kandenko All Rights Reserved, 2016)
Director: Fuyu Arai

Contents for Exhibition - Hitachi Social Innovation Forum 2016 TOKYO エントランス展示 (2016)
Director: Fuyu Arai

武蔵野美術大学映像学科卒業。2002年ROBOTに所属(2016年よりフリーランス、ROBOTにてマネージメント契約)。TV-CMやWebムービー、近年は展示映像なども手掛ける。アヌシー国際アニメーション映画祭広告部門グランプリ、文化庁メディア芸術祭新人賞、One Show Designシルバー賞、ADFESTブロンズ賞他受賞。

Exhibition Movie - スヌーピーミュージアム「もういちど、はじめましてスヌーピー。」展(©Peanuts Worldwide LLC, 2016)
Director: Fuyu Arai

Web Movie - SONY LSPX-P1「Wonder box from Santa Claus.」(2016)
Director: Fuyu Arai

CREATOR 100　　E-MAIL/　kk.s7ijok@gmail.com　　CATEGORY/　Animation, CM, MV, Web Movie
　　　　　　　　URL/　kojiaramaki.org　　　　　TOOLS/　After Effects, CINEMA 4D, Illustrator, Photoshop, Premiere

004/100　　荒牧康治　　Koji Aramaki

MV - fhána「calling」(©Lantis Co.,Ltd., 2016)
Director: SQRT (Koji Aramaki, Baku Hashimoto)

MV - fhána「虹を編めたら If We Could Weave Rainbows」(©Lantis Co.,Ltd., 2016)
Director: SQRT (Koji Aramaki, Yohsuke Chiai, Baku Hashimoto)

1988年生まれ。首都大学東京社会学分野卒業。フリーランスの映像ディレクター、モーショングラフィックスデザイナーとしてMV、CM、アニメーションのOP・ED、ライブの映像演出などを手掛ける。抽象化したオブジェクトを用いたモーショングラフィックスを中心に、ルックや表現手法にこだった映像制作を行う。2016年に千合洋輔、橋本麦と共にSQRTを発足。モーショングラフィックスだけでなく、実写MVのディレクションなども行う。

Animation -「GRAVITY DAZE The Animation ~Ouverture~」End credit（©Sony Interactive Entertainment Inc., 2017）
Director: Hiroyasu Kobayashi, End Credit Design: Koji Aramaki, Yohsuke Chiai, Animation Production: Studio Khara

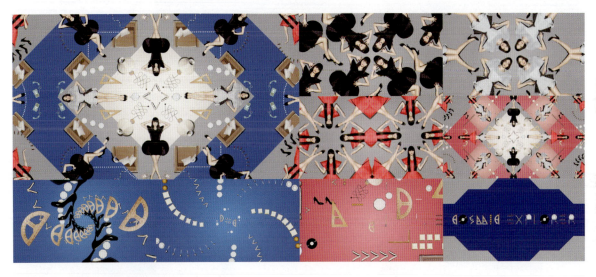

CM -「COSMIC EXPLORER」Album（©AMUSE Inc., 2016）
Motion Graphics: Koji Aramaki

Web CM -「UNIQLO TORONTO GRAND OPENING MOVIE」（©UNIQLO, 2016）
Produced by UNIQLO CREATIVE TEAM/UNIQLO Co., Ltd.

CREATOR 100	BELONG TO/ HOEDOWN	CATEGORY/ MV, CM, TV, Web, Exhibition
	E-MAIL/ hajime0616@gmail.com	TOOLS/ After Effects, Premiere, Illustrator,
	URL/ hajimebaba.com	Photoshop, CINEMA 4D

005/100 馬場一萌 Hajime Baba

Installation - アングリーバード展 (©SONY, 2016)

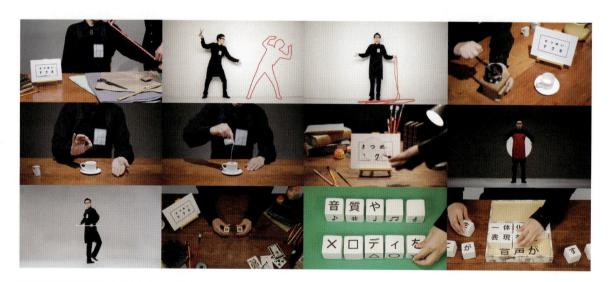

TV - テクネ 映像の教室「せつめいテクネ」(©NHK, 2016)

1988年生まれ。多摩美術大学卒業後、株式会社PARTY、フリーランスを経て、株式会社ホーダウンに所属。ディレクター・モーションデザイナーとして、CG・モーショングラフィックスを中心に、MVやテレビ番組、WebCM、展示やイベントなど、様々な映像制作に携わっている。

Short Movie - Numero Tokyo (©fusosha, 2016)

CM - VRDG＋H ＃1 (©Bridge, 2016)

CREATOR 100

BELONG TO/ MAZRI Inc.
TEL/ +81 (0) 3 5414 2112
E-MAIL/ dir@mazri.com

CATEGORY/ MV, Live Movie, Short Movie, Web Movie
Tools/ Final Cut

006/100 番場秀一 Shuichi Bamba

Web - 「PIECE OF TOKYO」(©TYO Inc., 2016)
Director: 番場秀一

MV - 大森靖子 ALBUM「TOKYO BLACK HOLE」Trailer (©avex music creative Inc., 2016)
Director: 番場秀一

主にMVやLiveビデオを演出。劇場公開作品『BUMP OF CHICKEN "WILLPOLIS 2014" 劇場版』、『スピッツ 横浜サンセット 2013 - 劇場版 -』、『ミッシェル・ガン・エレファント "THEE MOVIE" -LAST HEAVEN 031011-』で監督を務めるなど、音楽映像を中心に、Webムービーなども手掛ける映像作家として活動中。

MV - ドレスコーズ「人間ビデオ」(©KING RECORD CO., LTD., 2016)
Director: 番場秀一

DVD - Caravan「ノマドの窓」(©Slow Flow Music, 2016)
Director: 番場秀一

CREATOR 100	BELONG TO/ G/P gallery TEL/ +81(0)3 5422 9331 E-MAIL/ info@gptokyo.jp URL/ kentacobayashi.com

CATEGORY/ Photography
TOOLS/ Photoshop

007/100　　小林健太　　Kenta Cobayashi

Video Art - Ghost Replay (©Kenta Cobayashi, G/P gallery, 2016)

1992年生まれ。2013年から2015年まで渋家で生活する。その後も友人らと精力的に生活を続ける。主な写真集に「EVERYTHING_1」(NEWFAVE／東京／2016)展覧会に個展「#photo」(G/P gallery／恵比寿／2015)、「GIVE ME YESTERDAY」(Fondazione Prada／ミラノ／2017)、「New Material」(Casemore Kirkeby／サンフランシスコ／2016) など。

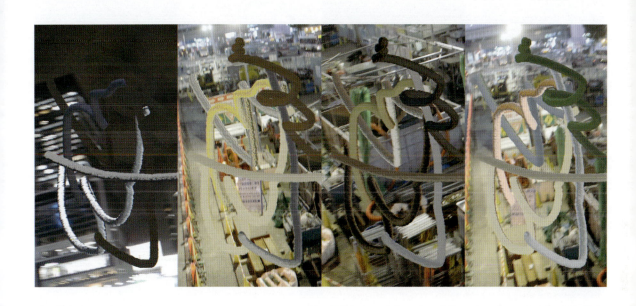

029

CREATOR 100

E-MAIL/ densuke28@gmail.com
URL/ densuke28.com

CATEGORY/ Animation, MV, Web
TOOLS/ After Effects, CINEMA 4D, Illustrator, Photoshop

008/100　でんすけ28号　Densuke28

Animation - Controller of Controller (©Densuke28, 2016)

MV - NINJAS「SOCCER」(©P-VINE RECORDS., 2017)

MV - Your Gay Thoughts「To Disappear」(©King Deluxe, 2016)

030

1993年東京都生まれ。多摩美術大学情報デザイン学科メディア芸術コース卒業。MVやプロモーション映像、インタラクティブ作品の演出などを手掛ける傍ら、ビデオゲームのバグをモチーフとした作品を制作している。主な受賞歴に Toronto Arthouse Film Festival BEST ANIMATED MUSIC VIDEO、DOTMOV 2016、WIRED CREATIVE HACK AWARD 2016準グランプリなど。

MV - Pa's Lam System「TWISTSTEP」(©TOY'S FACTORY INK., 2016)
Director: ノガミカツキ, 持田寛太, でんすけ28号

MV - MACKA-CHIN「ASPHALT GENJIN」(©P-VINE RECORDS / 術ノ穴, 2016)
Director: 安田昂弘, 3DCG: でんすけ28号

Concept Movie - Maruman Loose Leaf (©Maruman Corporation, 2016)
Director: 安田昂弘, 3DCG: でんすけ28号, Art Direction + Design: Draft Co., Ltd.

CREATOR 100 BELONG TO/ KOO-KI CATEGORY/ Movie, Drama, CM, PV
TEL/ +81(0)92 713 4815
E-MAIL/ koo-ki@koo-ki.co.jp
URL/ www.koo-ki.co.jp

009/100   江口カン   Kan Eguchi

PV - 日本放送協会「ダメ田十勇士」(©NHK, 2015)
Director: 江口カン

Drama -「ガチ★星」(©KOO-KI/pylon, 2016)
Director: 江口カン

1997年KOO-KI設立。ドラマやCM、短編映画などの演出を手掛ける。東京五輪招致PR映像「Tomorrow begins」のクリエイティブ・ディレクション、WebムービーTOYOTA G's「Baseball Party」の企画・監督、ドラマ「めんたいぴりり」「ガチ★星」「龍が如く 魂の詩。」の監督を務める。CANNES LIONSゴールド賞を含む3年連続受賞、日本民間放送連盟賞優秀賞を2年連続受賞するなど受賞歴多数。

Drama - 龍が如く「魂の詩。」(©SEGA / © 2016 ブルーク, 2016)
Director: 江口カン

Drama -「めんたいぴりり」(©Television Nishinippon Corporation, 2013)
Director: 江口カン

CM - スニッカーズ「サッカー/ロッケンロール」(©Mars, 2011 / 2012)
Web - TOYOTA G's「Baseball Party」(©TOYOTA MARKETING JAPAN CORPORATION, 2015)
CM - 高田引越センター「グラビア」(©TAKADA MOVE CENTER, 2016)
CM - HOME'S「キックボード」(©NEXT Co.,Ltd., 2016)
Director: 江口カン

CREATOR 100   TEL/ +81(0)3 6226 3113   CATEGORY/ Movie, TV Program, Exhibition,
E-MAIL/ euph@euphrates.co.jp   Book, Graphic Design, Mobile Apps, etc.
URL/ euphrates.jp   TOOLS/ After Effects, Final Cut Pro,
Illustrator, PhotoShop, Premiere, etc.

010/100   ユーフラテス   EUPHRATES

TV-Program - NI IK「大人のピタゴラスイッチ」(©NI IK, 2017)
Creative Director: Masahiko Sato, Masumi Uchino, Cliant: NHK

TV-Program - NHK「ピタゴラスイッチ」(©NHK, 2017)
Creative Director: Masahiko Sato, Masumi Uchino, Cliant:NHK

034

独自の「研究活動」を基板として活動しているクリエイティブ・グループ。慶應義塾大学佐藤雅彦研究室の卒業生により2005年活動開始。映像・アニメーション・書籍・展示・テレビ番組・グラフィックデザインなどを通した表現の開発やメディアデザインに取り組んでいる。近年の活動に、NHK Eテレ「Eテレ2355・0655」のディレクションや、同じくEテレ「大人のピタゴラスイッチ」「考えるカラス」の映像制作など。

TV Program -「Eテレ0655」「Eテレ2355」(©NHK / EUPHRATES, 2017) Cliant:NHK

Movie -「未来の科学者たちへ」シリーズ (2016)
Creative Director: Masahiko Sato, Cliant: 国立研究開発法人 物質・材料研究機構

Book -「こんがらがっち劇場 リリリリリリリリリリリの謎」(2016)
監修 : Masahiko Sato, Cliant: 小学館 ／ Book - 佐藤雅彦＋ユーフラテス「ピタゴラ装置はこうして生まれる」Cliant: 小学館

Photo -「花椿実験室：頭のなかで動かしてください」Cliant: 資生堂 ／ Movie -「花椿実験室：画面を触る実験」Coding: ワンパク, Cliant: 資生堂

CREATOR 100

BELONG TO/ Drawing and Manual
TEL/ +81(0)3 5707 7225
E-MAIL/ rep@drawingandmanual.jp
URL/ yuichirofujishiro.com

CATEGORY/ MV, CM, Short Movie, Web
TOOLS/ After Effects, Premiere, Final Cut, Illustrator, Photoshop

011/100　　藤代雄一朗　　Yuichiro Fujishiro

MV - 水曜日のカンパネラ「シャクシャイン」（©TSUBASA ENTERTAINMENT INC., 2015)
Director + Cinematographer ǀ Editor: Yuichiro Fujishiro

MV - BENI「夏の思い出」（©UNIVERSAL MUSIC LLC, 2016)
Director + Cinematographer: Yuichiro Fujishiro

1984年東京都生まれ。武蔵大学卒業。水曜日のカンパネラのMVを制作したことをきっかけに映像を始め、初期8作品のMVを担当。2016年 DRAWING AND MANUALに参加。演出・撮影・編集を行い、Web映像・MV・CMを手掛ける。ライフワークとして青森を応援するプロジェクトを実施し、大学生とのワークショップを開催。県の人口流出問題に関する映像作品なども制作している。

MV - SHE IS SUMMER「とびきりのおしゃれして別れ話を」(©SIS RECORDS, Being, 2016)
Director + Cinematographer ǀ Editor: Yuichiro Fujishiro

MV - 住岡梨奈「Heartbeat」(©Ki/oon Music, 2016)
Director + Producer + Editor: Yuichiro Fujishiro

CREATOR 100

BELONG TO/　FUKUPOLY.inc
E-MAIL/　fukuda@fukupoly.com
URL/　www.fukupoly.com

CATEGORY/　CM, MV, Live Movie, Art
TOOLS/　Cinema 4D, After Effects, Premiere, Illustrator, Photoshop, Zbrush

012/100　　福田泰崇　　Yasutaka Fukuda

MV - Other Lives「Beat Primal」(©GENERO.tv, 2015)
Director+VFX: Yasutaka Fukuda (FUKUPOLY.inc)

MV - Starwalker「Holidays」(©GENERO.tv, 2015)
Director+VFX+Camera: Yasutaka Fukuda (FUKUPOLY.inc)

1977年群馬県生まれ。武蔵野美術大学造形学部建築学科卒業。独学で3DCGを学び、CGディレクター・アニメーターとして活動。最近では流体シミュレーションを3Dプリントで立体化したアート作品も手掛ける。「腰」を守るためスタンディングデスクを愛用。「立ってCGを作っている人」と呼ばれることも。2014年、株式会社FUKUPOLY設立。VRなど新しい映像表現にも挑戦していこうと考えている。

MV - Mark Ronson「Daffodils」(©GENERO.tv, 2015)
Director+VFX：Yasutaka Fukuda (FUKUPOLY.inc)

ART - requiem「稜威母 izumo」(©FUKUPOLY.inc, 2016)
Director+VFX：Yasutaka Fukuda (FUKUPOLY.inc)

CREATOR 100

BELONG TO/ Planet Haruborism
E-MAIL/ furuyaharuka@gmail.com
URL/ www.harukafuruya.com

CATEGORY/ MV, CM, Web, Short Movie, Opening Movie, Application, Hologram, Live, VR, Projection Mapping, Space
TOOLS/ Final Cut Pro, Illustrator, Photoshop, Canon 5D

013/100　　古屋遙　　Haruka Furuya

OP - 人河ドラマ おんな城主直虎「戦う花」(©NHK, 2017)
Art Director+Film Director: Haruka Furuya, Production: EPOCH

MV - 安室奈美恵「Birthday」(2015)
Film Director: Haruka Furuya, Production: oknack

040

演出家／クリエイティブディレクター。英国ブリストル大学演劇学科卒業。ドイツとイギリスにて演劇の総合演出を経て、太陽企画入社。空間・映像・テクノロジーを組み合わせた企画演出を行い、2014年7月独立。想像力をフックに、「体験」や「文化創造」に重きを置いた仕組みを作る。主な仕事に三越伊勢丹・ルミネ・パルコ・東京ミッドタウンのクリエイティブディレクション、大河ドラマ・Eテレ番組・安室奈美恵MVなど、映像の企画演出。メディア出演・審査員・講師としても活動。

Interactive MV - あいみょん「生きていたんだよな」(2016)
Film Director: Haruka Furuya, Production: 太陽企画

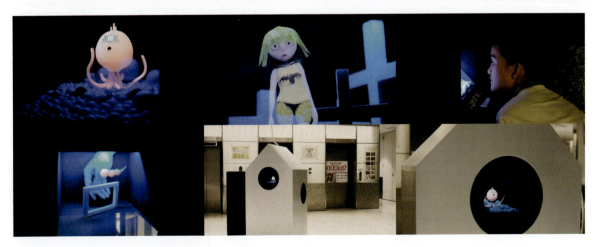

Installation - 惑星ハルボリズム×ツバメアーキテクツ×山岸遥「架空のペットショップ(タイ・渋谷)」(2016)
Plan+Direction: Haruka Furuya, Art+Structure: ツバメアーキテクツ, CG+Character Design: 山岸遥

CREATOR 100

TEL/ +81(0)3 6805 3280
E-MAIL/ grv@groovisions.com
URL/ www.groovisions.com

CATEGORY/ MV, CM, Short Movie, Web
TOOLS/ After Effects, Illustrator, Photoshop

014/100　　グルーヴィジョンズ　groovisions

Artwork - groovisions 5×27 (©groovisions, 2016)

Artwork - groovisions 5×27 (©groovisions, 2016)

Artwork - groovisions 5×27 (©groovisions, 2016)

東京を拠点に活動するデザインスタジオ。1993年の創設以来、グラフィックやムービーを中心に音楽、出版、プロダクト、インテリア、ファッション、Webなど様々な領域のデザインを行っている。

8K PV -「LOOP JAPAN」(©dentsu/ROBOT/groovisions, 2016)

PV -「日本橋 熈代祭」(©groovisions, 2016)

CM - 西日本シティ銀行 ワンク プロモーションムービー (©groovisions, 2015, 2016)

PV - スルガ銀行ANA支店 Financial Center (©groovisions, 2016)

Television spot package - スペースシャワー TV TOKYO MUSIC ODYSSEY 2016 (©groovisions, 2016) ／ Opening Title Movie - 日本テレビ news ZERO「RIO 2016」(©groovisions, 2016) ／ Opening Title Movie - 日本テレビ ZIP!「showbiz 24」(©groovisions, 2016) ／ Opening Title Movie - 日本テレビ ZIP!「あおぞらキャラバン」(©groovisions, 2016) ／ Opening Title Movie - 日本テレビ ZIP!「流行ニュース BOOMERS」(©groovisions, 2016)

CREATOR 100

E-MAIL / hakuxhiraoka@gmail.com
URL / otamirams.com

CATEGORY / MV, Short Movie, Web
TOOLS / After Effects, Premiere, Final Cut, Illsutrator, Photoshop

015/100　　オタミラムズ　　OTAMIRAMS

MV - 平井堅「ON AIR」(©Sony Music Inc., 2016)
Client: Sony Music, Produce: 藤田道 (ariola japan) , Direction+Animation+Script: OTAMIRAMS (白玖ヨしひろ＋平岡佐知米B) , Edit: オタミラムズ＋上田希 (Plusboku design inc.) , Creative Support: 新保讃香、斉藤成美, Chief A&R Management: 大滝良成 (PINUpS artist) , A&R Management: 今野慶基 (PINUpS artist) , Promotion: 焼田真里子 (Sony Music) , Actor: 平井堅

MV - NATURE DANGER GANG「フィッシャーキング」(©OMOCHI RECORDS, 2016)
Produce: NATURE DANGER GANG+lute, Client: lute＋オモチレコード, Direction+Animation+Script: オタミラムズ (白玖ヨしひろ＋平岡佐知米B) , Camera: 藤代雄一朗, Lighting Design: 加藤 " マイヤー " 大輝, Drawing+Masturbation Shelter: ぼく脳, Noise Collage: MMEEGG, Production Management: みぽりん, Actors: $EKI、CHACCA、野村、ぼく脳、モリィ、ユキちゃん、カルロス(GEZAN)、ナミちゃん(VOGOS)、望月慎之輔

044

東京藝術大学大学院 修了（白玖）／武蔵野美術大学大学院 修了（平岡）。2008年より、映像と紙媒体を主軸にOTAMIRAMSを結成。映像では、短編アニメーション作品がロッテルダム国際映画祭2010、香港国際映画祭2010などの国際映画祭にて招待上映を果たす。紙では、水曜日のカンパネラ「トライアスロン」のCDジャケットが「日本タイポグラフィ年鑑2016」に入選。その他には、平井堅「ON AIR」、水曜日のカンパネラ「桃太郎」のMVなどを手掛ける。

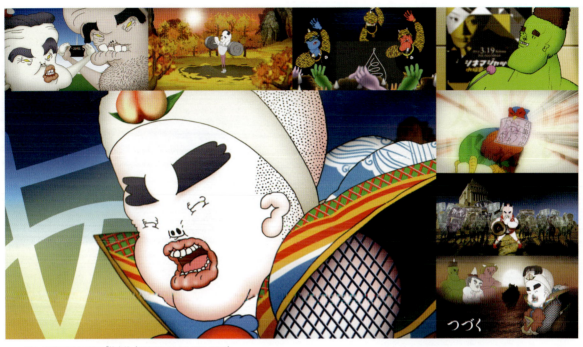

MV - 水曜日のカンパネラ「桃太郎」(©TSUBASA CO. LTD., 2014)
Client: TSUBASA RECORDS, Produce: 水曜日のカンパネラ, Direction+Animation+Script: OTAMIRAMS（白玖ヨしひろ＋平岡佐知※B）, Animation's Choreography: アンラッキー佐多, A&R Management: 福永泰朋, Product Cooperation: 美濃部亜美, Promotion: 山口翔、堀切裕真、笠野志緒里、山本晏実, Sales Promotion: 佐々木幸治、荻野亜希子、Executive Produce: 山口光, Actor: コムアイ

MV - トリプルファイヤー「スキルアップ」(©Active no Kai, 2014)
Client: アクティブの会, Produce: トリプルファイヤー, Direction+Animation+Script: OTAMIRAMS（白玖ヨしひろ＋平岡佐知※B）, Animation: オタミラムズ＋谷端実, Sales Promotion: 増本康祉(Speak & Spell), Actors: 吉田靖直、鳥居真道、山本慶幸、大垣翔、谷端実、白玖欣宏、平岡佐知子、増本康祉

CREATOR 100

E-MAIL/ david@hal-13.com
URL/ www.davidharuyama.com
CATEGORY/ MV, CM, Web
TOOLS/ Premiere, Final Cut

016/100　　春山 DAVID 祥一　　Shoichi DAVID Haruyama

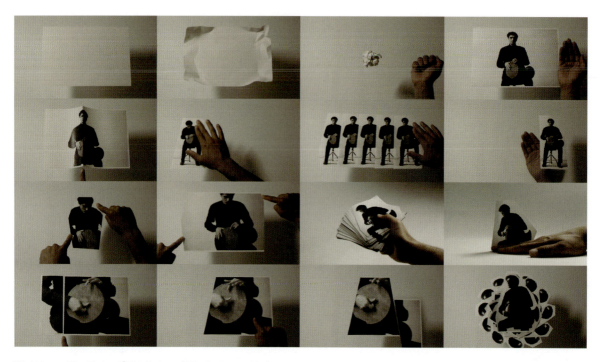

MV - Mohammad Reza Mortazavi「Shish-Hashtom」(©Flowfish Records, 2013)
Director: 春山 DAVID 祥一

Web - TOYOTA LUND CRUISER「FAN MOVIE」(©TOYOTA, 2015)
Director: 春山 DAVID 祥一

046

1976年生まれ。1998年映像作家丹下紘希氏に師事。2007年よりフリーランスに。MVを中心とした仕事からWeb、CM演出へ進出。手触り感の残るコマ撮りと、実験的な手法、降りてきたとしか説明のつかない不思議なアイデアが特徴。受賞歴はMTVやSPACE SHOWER、Adobeなど。また海外の賞にも積極的に参加している。

MV - しらいしりょうこ「アンフィルム」(©Chiffon Records, 2013)
Director: 春山DAVID祥一

Competition Work - Adobe Creative Jam Tokyo Vol.2 「初心忘るべからず」(©Shoichi David Haruyama, Inazumi Kimimasa, 2016)
Director: 春山DAVID祥一

CREATOR 100

BELONG TO/ INS Studio
TEL/ +81(0)3 3463 1525
E-MAIL/ b@ins-stud.io (MGMT)
URL/ baku89.com

CATEGORY/ MV, Web, CM, Installation
TOOLS/ After Effects, Premiere, CINEMA 4D, openFrameworks, Node.js, Photoshop, Illustrator

017/100　　橋本麦　　　　　　Baku Hashimoto

MV - group_inou「FYF」(©GAL, 2015)
Director: 橋本麦, Co-director: ノガミカツキ

MV - Olga Bell「ATA」(©One Little Indian, 2016)
Director: 橋本麦

1992年生まれ。武蔵野美術大学中退。ジェネラティブ・アートをはじめとした様々な手法を用い、作品ごとにワークフローやツールから開発し制作する。取り入れるテクニックや、そのノイズ、グリッチに由来する実験的な色やテクスチャを模索している。主な仕事に、group_inou、Koji Nakamura、Olga Bellなどのアーティストの MV、TVアニメ「すべてがFになる」EDなど。第19回文化庁メディア芸術祭新人賞受賞。

Animation - ノイタミナ「すべてがFになる」ED (©森博嗣・講談社／「すべてがFになる」製作委員会, 2016)
Director: 橋本麦

3DCG -「The Color Eater」(©Adobe, 2016)
3DCG: 橋本麦, Director: 山川裕史(spoon)

CREATOR 100

BELONG TO/ P.I.C.S.management
TEL/ +81(0)3 3791 8855
E-MAIL/ post@pics.tokyo
URL/ animoni.org,
www.pics.tokyo

CATEGORY/ CM, MV, OOH, Web, Broadcast
Animation, Design, Art Direction
TOOLS/ After Effects, Photoshop, Illustrator,
3ds Max, CINEMA 4D

018/100　　　橋本大佑　　　Daisuke Hashimoto

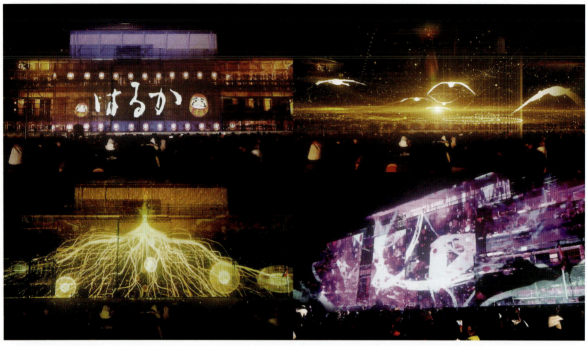

Projection Mapping - 福島プロジェクションマッピングはるか 2016 〜白河 花かがり〜 (©2016 SAKURA PROJECT/NHK ENTERPRISES, 2016)
Director+Animation: 橋本大佑, Production: P.I.C.S.

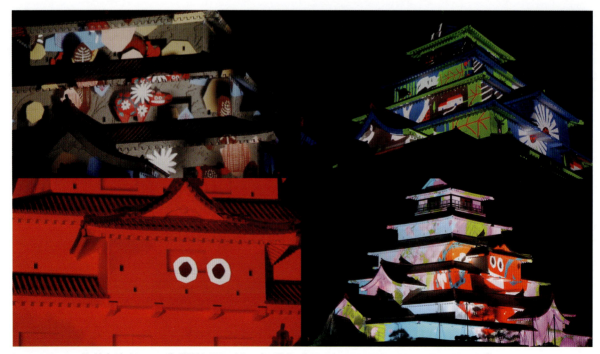

Projection Mapping - 鶴ヶ城プロジェクションマッピング はるか 2015 〜あかべこものがたり〜 (©2015 SAKURA PROJECT/NHK ENTERPRISES, 2015)
Director+Animation: 橋本大佑, Production：P.I.C.S.

1977年生まれ。2005年クリエイティブプロダクションP.I.C.S.入社、現在P.I.C.S. management所属。グラフィックやイラストレーション、アニメーション、ディレクションまでをトータルに行う映像作家・アニメーション作家。近年はCM、MV、OOHなどの企画・演出、CGアニメーションを主に活動中。

Projection Mapping - 「キャナルシティ博多 ゾンビーズウォータースペクタクル」(©尾田栄一郎／集英社・フジテレビ・東映アニメーション) Client: 福岡地所
Executive Producer: エス・シー・アライアンス, Produce(Movie) : P.I.C.S.＋東映アニメーション, Director: 橋本大佑

MV - amazarashi「エンディングテーマ」(©SMA, 2016) Director: 橋本大佑, A&P: SIX＋WOW＋AOI Pro.

CM - au Galaxy 6 (©KDDI CORPORATION, 2015) A&P: 電通＋AOI Pro., Director+Animation: 橋本大佑

CM, Web Movie - HIS エアホテル割 (©HIS, 2016) A&P: 電通＋電通クリエーティブX, Director+Animation: 橋本大佑

Web Movie - Adobe CreativeCloud (©adobe, 2015) Director+Animation: 橋本大佑, Production: spoon

CREATOR 100

BELONG TO/ Drawing and Manual
TEL/ +81(0)3 5707 7225
E-MAIL/ rep@drawingandmanual.jp
URL/ www.kyotaro.org

CATEGORY/ MV, CM, Short Movie, Web, Installation
TOOLS/ After Effects, Premiere, Final Cut, Illustrator, Photoshop, CINEMA 4D, Lightroom

019/100　林響太朗　Kyotaro Hayashi

MV - 城南海「晩秋」(©PONY CANYON INC., 2016)
Director+Cinematographer+Editor: Kyotaro Hayashi

MV - さくら学院「メロディックソルフェージュ」(©AMUSE INC., 2016)
Director+Cinematographer+Editor: Kyotaro Hayashi

1989年東京生まれ。多摩美術大学情報デザイン学科卒業後、DRAWING AND MANUALに参加。フォトグラフィをバックボーンとし、独自の色彩感覚で情景を切り取る映像を得意とする。3DCG、VFX、インタラクティブなど多彩な知識と技術でインスタレーションやプロジェクションマッピングのクリエイションに数多く関わる。アーティスト活動と並行して大手ブランド広告やMVの監督なども幅広く手掛ける。

MV - Ryu Matsuyama「Paper Planes」(©TOWER RECORDS, 2015)
Director+Cinematographer+Editor: Kyotaro Hayashi

MV - THE BED ROOM TAPE「命の火 feat.川谷絵音」(©bud music, inc., AWDR/LR2, SPACE SHOWER NETWORKS INC., 2015)
Director+Cinematographer+Editor: Kyotaro Hayashi

CREATOR 100	BELONG TO/ stoicsense TEL/ +81(0)80-5422-1371, +81(0)3-6432-2820 E-MAIL/ stoicsense@me.com URL/ stoicsense.co.jp	CATEGORY/ MV, CM, VR TOOLS/ Autodesk Maya, Adobe Creative Cloud

020/100　　　東弘明　　　　　　Hiroaki Higashi

VR - 「攻殻機動隊 新劇場版 VERTUAL REALITY DIVER」(©士郎正宗・Production I.G / 講談社・「攻殻機動隊 新劇場版」製作委員会, 2016) Director+CGI Producer: 東弘明

映像監督。2013年株式会社ストイックセンスを設立。立体視VR映像、全天周ドーム映像、視野角180度プロジェクションマッピング、巨大LEDによるライブ・オープニング映像などの体験型映像コンテンツの監督、CGプロデュースを手掛ける。CGチームをオーガナイズし、プリビズをベースとしたワークフローを構築。2011年、2013年、文化庁メディア芸術祭審査委員会推薦作品選定。

MV - 安室奈美恵「Fighter」(©avex music creative Inc., 2016) Director: 東弘明

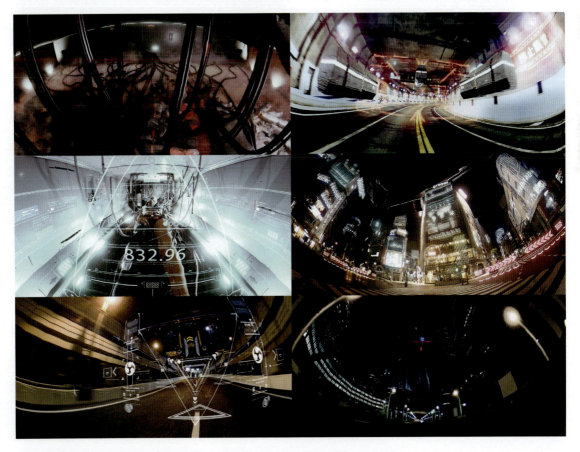

VR - 「NEO ZIPANG original VR Film teaser」(©stoicsense Inc., 2017) Director+Scenario Writer: 東弘明

CREATOR 100

BELONG TO/ FOGHORN
E-MAIL/ findout@foghorn.jp
URL/ twitter.com/hira_ryo

CATEGORY/ Short Film, MV, VJ, Picture-Story Show, ID
TOOLS/ After Effects, Premiere, Final Cut, Illustrator, Photoshop

021/100　　　ひらのりょう　　　Ryo Hirano

Short Film - 「ホリデイ」(©Ryo Hirano, 2011)

Short Film - 「パラダイス」(©Ryo Hirano, FOGHORN, 2014)

1988年埼玉県春日部市生まれ。多摩美術大学情報デザイン学科卒業。クリエイターズマネージメントFOGHORN所属。生み出す作品はポップでディープでビザール。文化人類学やフォークロアからサブカルチャーまで、自らの貪欲な触覚の導くままにモチーフを定め作品化を続ける。その発表形態もアニメーション、イラスト、マンガ、紙芝居、VJ、音楽と多岐にわたり周囲を混乱させるが、その視点は常に身近な生活に根ざしており、ロマンスや人外の者が好物。

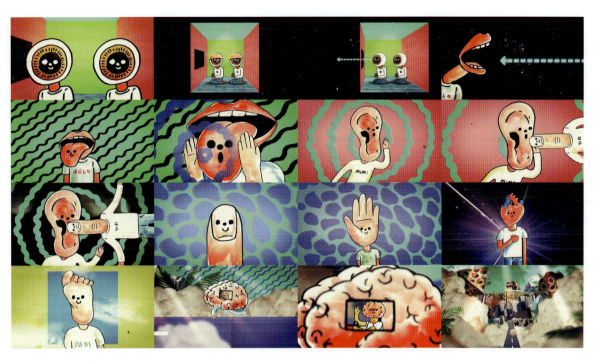

TV - 未知なる世界に飛び込め THE 体感 TBSテレビ OP 映像及びセットデザイン（©TBS, 2016）

Web CM - FANTASTIC WORLD（©Ryo Hirano, FOGHORN, リイド社, 2016）

CREATOR 100

BELONG TO/ Caviar Limited
TEL/ +81(0)3 3779 6969
E-MAIL/ abc@production.jp
URL/ production.jp

CATEGORY/ Illustration, Animation, Graphic Design, MV, ID
TOOLS/ After Effects, Premiere, Illustrator, Photoshop

022/100   平岡政展   Masanobu Hiraoka

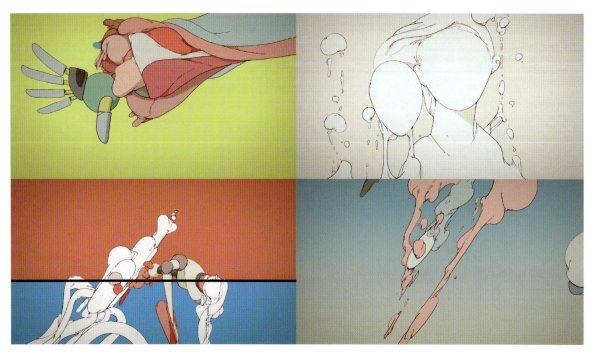

ID - MTV Ident（©WCS, Viacom International Inc., 2017）

ID - Adult Swim（© Turner Broadcasting System, Inc. A Time Warner Company., 2016）

2014年CAVIAR入社。グラフィカルなアニメーションや有機的な動きを得意とし、手書きで表現できる動きの気持ちよさを生かした作品制作を行っている。MVやCMのアニメーション映像やイラストなどを中心に国内外で活動。またオリジナル作品を制作し、国内外の映画祭などで上映、受賞している。

ID - We Bare Bears（© Cartoon Network., A TimeWarner Company., 2016）

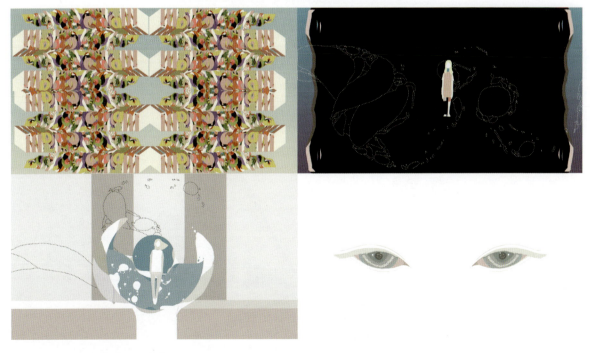

MV - L'oeil du cyclone（© EZ3kiel, 2016）

CREATOR 100

TEL/ +81(0)90 4057 8005(mg:星野)
E-MAIL/ hossytheny@gmail.com
URL/ hoshinooffice.com, facebook.com/
horse.stone, horston.tumblr.com

CATEGORY/ CM, MV, Short Movie, Web, TV
TOOLS/ After Effects, Illustrator, Photoshop

023/100   ホーストン   HORSTON

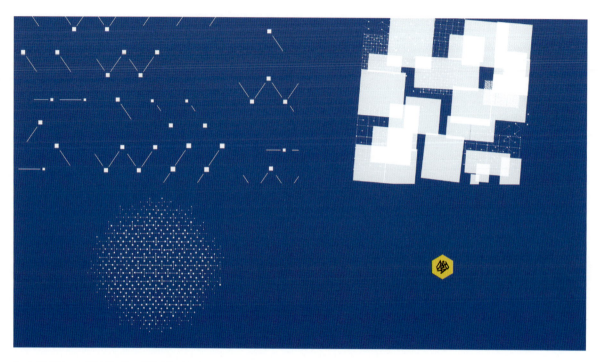

Event - D&AD Awards 2014「Creation.」(©Yoshida Hideo Memorial Foundation / Advertising Museum Tokyo, 2014)
Art Director: 八木義博, Copywriter: 筒井晴子, Animator: 大石直樹, Director | Animator: HORSTON

CM - 北陸新幹線開業告知「ウフフ」(©East Japan Railway Company All Rights Reserved., 2014)
Creative Director: 高崎卓馬, Art Director: 水口克夫, Illustrator: Paul Cox, Animator: HORSTON, Director: 井口弘一

hagggyとtaaakoからなるユニット。演出家／アニメーション作家／イラストレーター／ビデオジョッキー。CM、TV、PV、Webの映像、アニメーション、イラストレーションなどを制作。One Show、ADFEST、New York Festivals、ACC賞、文化庁メディア芸術祭など受賞多数。

LINE Stamp - 資生堂ワタシプラス「うさぎたん LINE アニメーションスタンプ」(©HORSTON, 2016)
Director+Animator: HORSTON

TV - ミルクチャポン「迷牛ハナコはどこ？」(©中央酪農会議, 2013)
Director+Animator: HORSTON

CREATOR 100

E-MAIL/ hosogane@hsgn.tk
URL/ www.hsgn.tk

CATEGORY/ MV, CM, ID, Web, Short Movie
TOOLS/ After Effects, Premiere, Illustrator, Photoshop, CINEMA 4D, Davinci, Dragonframe

024/100   細金卓矢   Takuya Hosogane

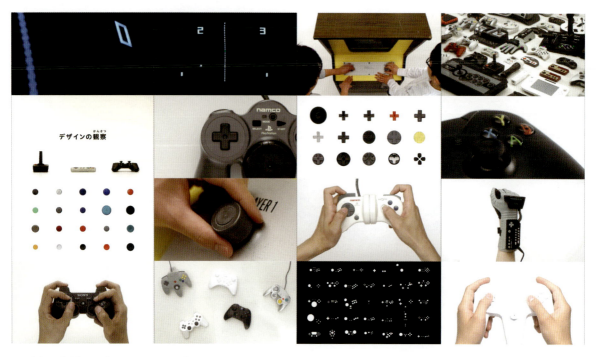

TV - デザインあ「デザインの観察 ゲームコントローラー」(©NHK Educational, 2016)

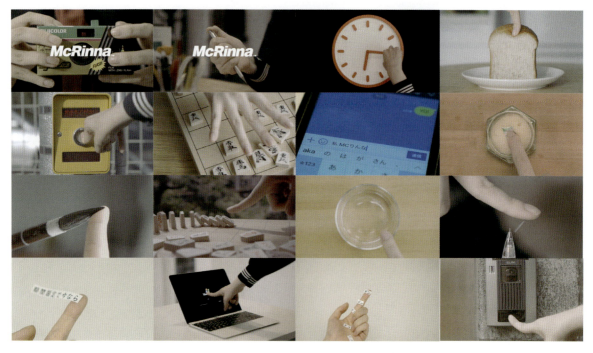

MV - りんな「MC Rinnna」(©Microsoft, lute, 2016)

モーションディレクター。モーショングラフィックスや実写映像を中心にCM, MV, TVプログラムなどの映像制作を行う。フリーランスを経て2014年から2年間ロサンゼルスにてBUCKへ所属。後2016年よりフリーランス。

Installation - Floral Vision (©PICS, MEtoA, Jimanica, 2016)

MV - PAELLAS「FIRE」(©2.5D PRODUCTION, 2017)

CREATOR 100

BELONG TO/ P.I.C.S.management
TEL/ +81(0)37918855
E-MAIL/ post@pics.tokyo
URL/ www.pics.tokyo

CATEGORY/ CM, MV, Web, Installation, Short Movie, Live Action, 3DCG, Motion Graphics
TOOLS/ 3ds Max, Photoshop, After Effects, Illustrator, Premiere

025/100　　池田一真　　Kazuma Ikeda

MV - 欅坂46「サイレントマジョリティー」(©Seed & Flower 合同会社, 2016) Director: 池田一真, Production: P.I.C.S.

MV - 欅坂46「世界には愛しかない」(©Seed & Flower 合同会社, 2016) Director: 池田一真, Production: P.I.C.S.

MV - 欅坂46「大人は信じてくれない」(©Seed & Flower 合同会社, 2016) Director: 池田一真, Production: P.I.C.S.

MV - RIP SLYME「POPCORN NANCY」(©WARNER MUSIC JAPAN, 2015) Director: 池田一真, Production: P.I.C.S.

MV - L'Arc~en~Ciel「Wings Flap」(©Ki/oon Music, 2016) Director: 池田一真, Production: P.I.C.S.

MV - ゆず「ポケット」(©SENHA & Co., 2015) Director: 池田一真, Production: P.I.C.S.

1979年生まれ。企画／演出。番組ID、オープニングなどのモーショングラフィックスを手掛けた後、フリーランスとして映像ディレクターに転向。実写、CG、アニメなど、手法にとらわれないディレクションと柔軟な制作スタイルで様々なジャンルの映像コンテンツを制作。

Contents - 8K/HDR FANTASY「LUNA」(©ROBOT, 2016) Director: 池田一真, A&P: ROBOT

Web Movie - クロレッツ「PINK REVOLUTION」(©Mondel'z Japan, 2017) Director: 池田一真, A&P：博報堂＋太陽企画

CM - デンソー (©DENSO CORPORATION, 2017) Director: 池田一真, A&P: ROBOT

Brand Movie - デンソー (©DENSO CORPORATION, 2017) Director: 池田一真, A&P: ROBOT

Museum Movie - INPEX MUSEUM (©INPEX CORPORATION, 2015) Director: 池田一真, A&P: P.I.C.S.

CREATOR 100

TEL/ +81(0)80 6093 7247
E-MAIL/ hideki2146@gmail.com
URL/ hide.tokyo

CATEGORY/ MV, Live Visuals, Promotion Movie, OPCG, CG for Explanation
TOOLS/ After Effects, Illustrator, Photoshop, CLIP STUDIO

026/100　　稲葉秀樹　　Hideki Inaba

MV - Beatsofreen「Slowly Rising」(©Hideki Inaba, 2015) Director+Animation: 稲葉秀樹

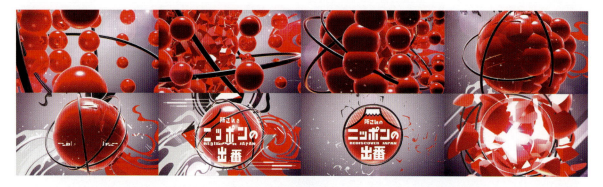

TV-CG - TBS「所さんのニッポンの出番」(©TBS, 2016) Director: 芦田政和, Animation : 稲葉秀樹

TV-CG - BS-TBS「謎解き！江戸のススメ」(©BS-TBS, 2015) Director: 木村吉孝, Animation: 稲葉秀樹

1988年茨城県生まれ。東京都在住。株式会社ぴーたんに在籍し、テレビを中心とした映像制作を行う。現在独立しフリーランスの映像クリエイターとして活動。海外のアーティストとコラボレーションしたMVは、国内外のデザイン・アートのメディアで評価を受けている。2Dのモーショングラフィックスを得意とするが、そこに留まらず現在活動の幅を拡大中である。

Pronituin move - TRULY TRULY「Levity Light」(©Hideki Inaba, 2016)
Director+Animation: 稲葉秀樹

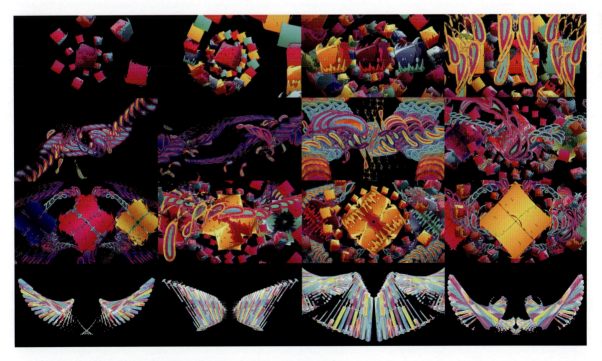

Live Visuals - Red Hot Chili Peppers「The Getaway World Tour」(©Million Monkeys Inc, 2016)
Director: Dave Hughes, Animation: 稲葉秀樹

CREATOR 100

E-MAIL/ info@mariinaba.net
URL/ www.mariinaba.net

CATEGORY/ Advertisement, CM, MV, Short Movie
TOOLS/ Dragonframe, After Effects, Final Cut, Photoshop, Illustrator

027/100　　　稲葉まり　　　Mari Inaba

MV　馬喰町バンド「ホメオパシー」(HOWANIMALMOVE, 2016)
Director: 稲葉まり

MV - タッキー&翼「雨が虹に変われば」(©avex music creative Inc., 2014)
Director: 稲葉まり

1979年生まれ。多摩美術大学グラフィックデザイン学科卒業。クリエイティブユニット「生意気」勤務を経て2006年より独立。広告、CM、MVなどを中心に、切り絵を用いたグラフィックやコマ撮りアニメーション制作を中心に活動を行う。タッキー＆翼「雨が虹に変われば」MV、アトレクリスマスキャンペーンイラスト、Panasonic Beauty「60秒の効率ビューティ講座」など。

VP - ALBION DRESSER(ALBION Co.,Ltd, 2014)
Director: Ayaka Okabe (amana) , Illustration: 稲葉まり

VP - トレインチャンネル 60秒の効率ビューティ講座「忙しいひとを、美しいひとへ。」(©Panasonic Corporation, 2011, 2014)
Director: 稲葉まり

CREATOR 100		
	BELONG TO/ HOEDOWN E-MAIL/ inagakigo@hodwn.com URL/ hodwn.com	CATEGORY/ MV, TV, CM, Web TOOLS/ After Effects, Premiere, Illustrator, Photoshop

028/100　　稲垣ごう　　Go Inagaki

Short Movie -UGUISU (2015)
Director: Takuya Hosogane, maxilla, Go Inagaki, Shunsuke Sugiyama, Jun Kobayashi, Kurando Furuya

CM - Who is Yanmar？（©ヤンマー , 2016）

1991年大阪市生まれ。多摩美術大学デザイン学科卒業。在学中にtofubeats「No.1 feat.G.RINA」のMV制作のアシスタントとして参加したことをきっかけに仕事で映像を始める。インターンより映像プロダクション勤務を経て、2014年にフリーランス。TV番組アニメーションのほか、CMやMVのディレクター、カメラマンとして活動。2016年にホーダウンへ入社。

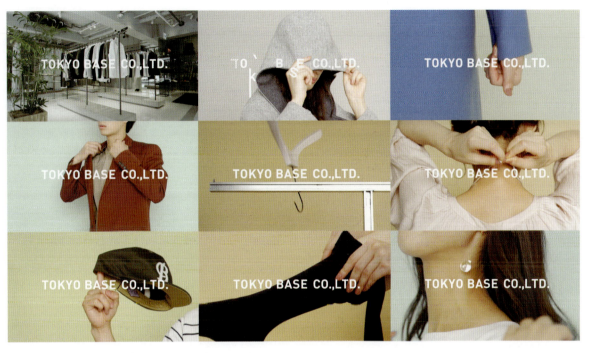

Concept Movie - TOKYO BASE (©TOKYO BASE, 2016)

CM - 東急ハンズ ショートムービー「あめの日も、はれの日もこれひとつ。」(©TOKYU HANDS, 2016)

CREATOR 100

E-MAIL/ info@eriinami.com
URL/ eriinami.com

CATEGORY/ MV, Digital Signage, Station ID, PV
TOOLS/ After Effects, Premiere, Illustrator, Photoshop

029/100　　伊波英里　　Eri Inami

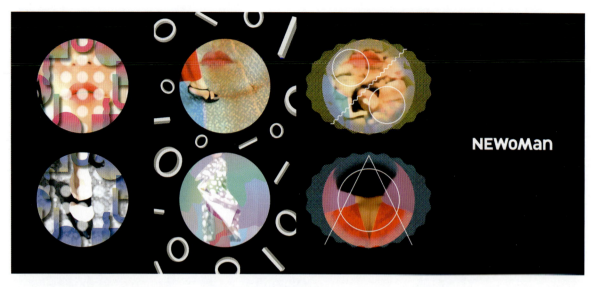

Digital Signage - NEWoMan（©LUMINE, 2016）
Director: 伊波英里, Model, Hair Makeup, Styling: nico, Movie: 玉田伸太郎, Music: 食品まつり, Produce: gallery Fm

MV - Maika Loubté「Open Me」（©P-VINE, 2015）
Director: 伊波英里

072

東京都在住。2003年創形美術学校ビジュアルデザイン科卒業後、ニューヨーク滞在を経て、2010年よりグラフィックアーティストとしての活動を開始。グラフィックデザインに軸足を置きつつ、映像やプロダクト、空間演出、テキスタイルなど、表現媒体を問わず多岐にわたり活躍中。近年の主な仕事に「NEWoManデジタルサイネージ」、「池袋PARCO VISIONステーションID」などがある。

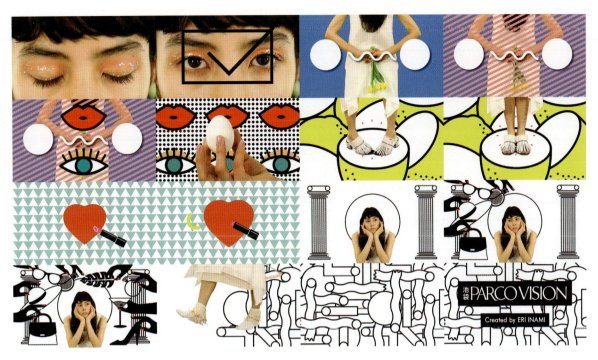

Station ID - 池袋PARCO VISION (©PARCO, 2016)
Director: 伊波英里, Model: Maika Loubté, Movie: Yutaro Yamaguchi, Music: PIKA, Hair Makeup: Hitomi Matsuno, Styling: Yuka Komatsu, Costuming: LEUCADENDRON, MAN, Produce: Rocket Company*/RCKT

Short Movie - 「Summer greetings」(©Eri Inami, 2016)
Director: 伊波英里

CREATOR 100

BELONG TO/ Drawing and Manual Inc.
TEL/ +81(0)3 5707 7225
E-MAIL/ rep@drawingandmanual.jp
URL/ sakiiyori.com

CATEGORY/ Short Movie, CM, MV, Illustration, Animation
TOOLS/ Photoshop, Illustrator, After Effects

030/100　　いよりさき　　Saki Iyori

MV - ノジノァブリック「Green Bird」(©Sony Music Entertainment Inc., 2015)
Animation: Saki Iyori

TV - Eテレ「テイクテック」テクノロジーの三要素 S・C・A (© NHK, 2016)
Animation: Saki Iyori

1990年神奈川県生まれ。多摩美術大学卒業後、同大学助手を経てDRAWING AND MANUALに参加。弾け飛ぶような元気な動きのアニメーションが評価され、国際映画祭にて多数上映される。受賞・入選歴にDOTMOV2015、オタワ国際アニメーションフェスティバル2013、オーバーハウゼン国際短編映画祭、Supertoon International Animation Festival、プリ・ジュネス2016ほか。

MV - FLOWER FLOWER「宝物」(©Sony Music Entertainment Inc., 2016)
Animation / Director: Saki Iyori

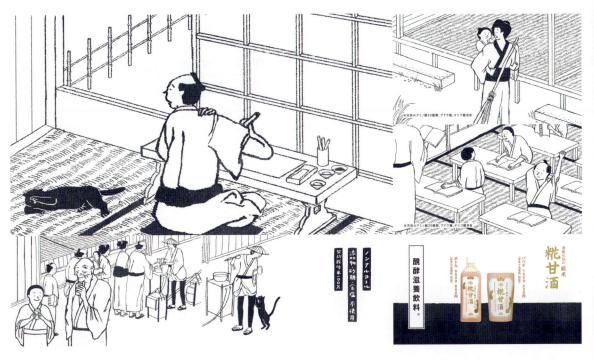

CM - 福光屋 純米糀甘酒(©株式会社福光屋, 2016)
Animation / Director: Saki Iyori

CREATOR 100

TEL/　+81(0)90 6105 6110
E-MAIL/　soramimicake@nifty.com
URL/　sawakokabuki.wixsite.com/xxxx

CATEGORY/　MV, Web, TV, Movie, Short Movie
TOOLS/　After Effects, Photoshop

031/100　冠木佐和子　Sawako Kabuki

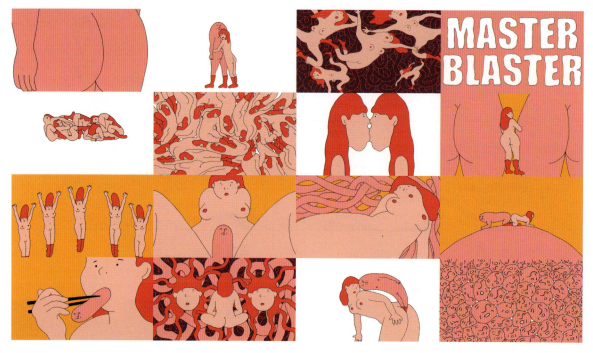

MV - 佐伯誠之助「肛門的重苦 Kestujiru Juke」(©Sawako Kabuki, 2013)

MV- 菅原信介「MASTER BLASTER」(©Sawako Kabuki, 2014)

多摩美術大学グラフィックデザイン学科卒業。アダルトビデオ制作会社に就職、退職。その後多摩美術大学大学院修了。手描きアニメーションを主に制作。ザグレブ国際アニメーションフェスティバル学生部門グランプリ受賞、サウス・バイ・サウスウエスト審査員特別賞受賞、サンダンス映画祭入選、ゆうばり国際ファンタスティック映画祭優秀芸術賞受賞など、国内外20カ国以上での入選、受賞歴をもつ。

Short Movie -「おかあさんにないしょ」(©Sawako Kabuki, 2015)

MV - 佐伯誠之助「夏のゲロは冬の肴」(©Sawako Kabuki, 2016)

CREATOR 100

BELONG TO/ MAZRI Inc.
TEL/ +81(0) 3 5414 2112
E-MAIL/ dir@mazri.com
URL/ mazri.com

CATEGORY/ Video Installation, MV, Live Movie, Short Movie
TOOLS/ After Effects, Premiere, Final Cut, Illustrator, Photoshop

032/100　　掛川康典　　Yasunori Kakegawa

Video Installation - 山口小夜子 未来を着る人「風には過去も未来もない」(2015)
Diretcor: 掛川康典, 生西康典

MV - a flood of circle「花」(©TEICHIKU ENTERTAINMENT,INC., 2015)
Director: 掛川康典

1996年日本大学芸術学部美術学科絵画コース卒業。MV、ドキュメンタリー、ファッションショー、CMなど多岐にわたる映像を演出。展覧会『山口小夜子 未来を着る人』（東京都現代美術館）では、ビデオインスタレーションを披露し、話題に。舞台映像も手掛ける。

Video Installation - 山口小夜子 未来を着る人「水平線」(2015)
Director: 掛川康典

MV - MUCC「睡蓮」(©Sony Music Labels Inc., 2015)
Director: 掛川康典

CREATOR 100

BELONG TO/ Qotorifilm Inc.
TEL/ +81(0)03 6450 6380 (tsuji management)
E-MAIL/ contact@tsujimanagement.com
URL/ www.qotori.com

CATEGORY/ MV, CM, Short Movie, Web
TOOLS/ After Effects, Premiere, Illustrator, Photoshop

033/100　　鎌谷聡次郎　　Sojiro Kamatani

Web CM - マルコメ「世界初かわいい味噌汁」(DENTSU+TOHOKUSHINSHA co.,ltd., 2016)
Director: Sojiro&Eri, Photographer: Senzo Ueno

Web Movie - 日清シスコ ココナッツサブレ「ポンパラ ペコルナ パピヨッタ」(DENTSU AD-GEAR+DENTSU+TOHOKUSHINSHA, 2015)
Director: Sojiro Kamatani, Photographer: Yoshitaka Murakami

1983年生まれ。フリーランスで活動後、株式会社コトリフィルム入社。CANNES LIONSシルバー賞、LIA金賞、ADFESTブロンズ賞、BOVAグランプリ、SPACE SHOWER TV最優秀ディレクター賞など受賞。海外プロダクションに映像ユニット"Sojiro & Eri"として所属、海外での活動を開始する。民族音楽が好き。

CM - LAFORET GRAND BAZAR SUMMER 2016 (W+K Tokyo+GunsRock, 2016)
Director: Sojiro Kamatani, Photographer: Senzo Ueno

CM - SONY PlayStation®「できないことが、できるって、最高だ。2016 / We can do everything」(DENTSU+POOL.inc+太陽企画 / TOKYO, 2016)
Director: Sojiro Kamatani, Photographer: Senzo Ueno

TEL/	+81(0)3 6455 3450
E-MAIL/	info@kasico.jp
URL/	kasico.jp
CATEGORY/	MV, CM, Web, Animation
TOOLS/	After Effects, Premiere, Illustrator, Photoshop

034/100   KASICO

CM -「Swatch POP COLLECTION」(©Swatch, 2016)
Director: KASICO

TV -「ナミノリ!ジェニー OP」(©MBS, 2016)
Director: KASICO

アートディレクター／グラフィックアーティスト。デザイン会社を経て2013年より独立。音楽や広告、ガールズカルチャーのクリエイティブを中心に、グラフィック、映像、アニメーション、テキスタイルデザインなどを用いたグラフィカルで明快な表現で、トータルなディレクションを得意とする。最近ではポートレイト写真とGIFアニメーションを使った新感覚のファッショングラビアサイト「グラフィックガール」を立ち上げる。

MV - the peggies「LOVE TRIP」(©Moving On, 2016)
Director: KASICO

CM -「りゅうちぇるちゃんねる」(©AbemaTV, 2016)
Director: KASICO

CREATOR 100　　BELONG TO/　PARTY NY
　　　　　　　　E-MAIL　masa@prty.jp
　　　　　　　　URL/　masakawa.com
　　　　　　　　CATEGORY/　Film, MV, Motion Graphics, Web
　　　　　　　　TOOLS/　After Effects, Premiere, Final Cut, Illustrator, Photoshop

035/100　川村真司　Masashi Kawamura

MV - Namie Amuro「Golden Touch」(©2015 AVEX MUSIC CREATIVE INC., 2015)
Director: 川村真司

Film -「オチビサン」(©Moyoco Anno, 2015)
Director+Writer: 川村真司

東京生まれ、サンフランシスコ育ち。慶應義塾大学 佐藤雅彦研究室にて「ピタゴラスイッチ」などの制作に携わり、卒業後CMプランナーとして博報堂に入社。2005年BBH Japanの立ち上げに参加し、2007年よりアムステルダムの180、その後BBH New York、Wieden+Kennedy NewYorkのCDを歴任。2011年米『Creativity』誌「世界のクリエーター50人」に選出。

Film -「TECHNE」（©NHK, 2012）
Creative Director+Film Director: 川村真司

MV - androp「Hana」（©WARNER MUSIC JAPAN INC., 2016）
Director: 川村真司

CREATOR 100

E-MAIL/ kawasawa@gmail.com
URL/ vimeo.com/kawasawa

CATEGORY/ Web CM, MV, Short Movie, Event
TOOLS/ CINEMA 4D, After Effects, Premiere, Illustrator, Photoshop

036/100 川沢健司 Kenji Kawasawa

Short Movie -「Channel CMY_Station ID」(©Kenji Kawasawa, 2015)
Director & Animator: 川沢健司, Music: Dan Phillipson

Short Movie -「FLOWING」(©Kenji Kawasawa, 2015)
Director & Animator: 川沢健司, Music: Reaktor Productions

1967年東京都生まれ。アルバイトで入った制作会社で映像制作に魅入られる。アジア各国を回り、帰国後フリーランスに。リアリティーを持ちながら現実世界では作り得ないような世界を描き出すツールとして、3DCGを軸に、モーショングラフィックスなどの表現を交えながら編集まで行う。シンプルでいて驚きのある映像を目指して活動中。Web CM、MV、展示映像、ショートムービーなどの制作・演出に携わる。

Short Movie -「Architect」(© Kenji Kawasawa, 2016)
Director & Animator: 川沢健司, Music: "Cloudburst" by Kai Engel

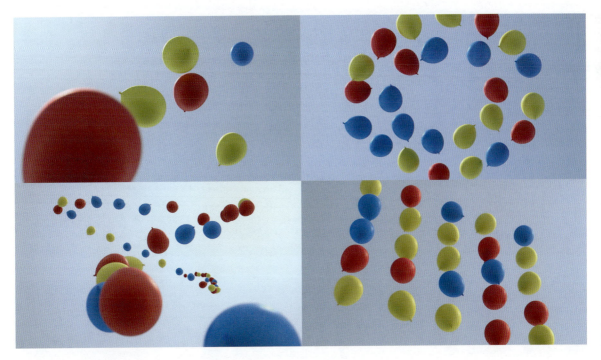

Short Movie -「106 Balloons」(©Kenji Kawasawa, 2009)
Director & Animator: 川沢健司

CREATOR 100

BELONG TO/ Legolas inc.,
P.I.C.S.management
TEL/ +81(0)3 37918855
E-MAIL/ post@pics.tokyo
URL/ www.natsukikida.jp, www.pics.tokyo

CATEGORY/ CM, MV, Web, Short Movie, Graphic Design
TOOLS/ Photoshop, Illustrator, After Effects, Final Cut Pro

037/100　喜田夏記　Natsuki Kida

CM - Lcode「ReVIA この瞳に、世界は恋をする」篇（©Lcode, 2017）Creative Director+Director+Art Director+Art: Natsuki Kida（Legolas inc.）, A&P: 博報堂+Silent Film+東北新社

CM - DHC 薬用ディープクレンジングオイル Disney「フラワーガーデン」篇（©DHC, 2015）Director+Art Director+Art: Natsuki Kida, A&P: 博報堂+ROBOT

CM - エスエス製薬 スルーラック デルジェンヌ（©SSP, 2013）Director: Natsuki Kida, A&P: マッキャンヒューマンケア＋base 0+AOI Pro.

TV - NHK Eテレ プチプチ・アニメ Liv&Bell「ふしぎな箱」（©Natsuki Kida・NHK・NEP, 2016）Director+Art+Animation: Natsuki Kida（Legolas inc.）, Production: Legolas inc.

TV - NHK Eテレ プチプチ・アニメ Liv&Bell「おうちをつくろう」（©Natsuki Kida・NHK・NEP, 2017）Director+Art+Animation: Natsuki Kida（Legolas inc.）, Production: Legolas inc.

東京藝術大学美術学部デザイン科大学院修了。NYU映画学科にて映像制作を学ぶ。CM、MVの他、舞台演出、舞台美術、アートディレクション、アニメーション、グラフィックなど、幅広いジャンルでのクリエイションを手掛ける。エジンバラ国際映画祭・Vila do Conde（ポルトガル映画祭）作品招待、文化庁メディア芸術祭審査員推薦作品受賞、ヴィクトリア＆アルバート美術館企画展など海外での発表も多数。2016年に Legolas inc. を設立。NHK Eテレにて「Liv&Bell」連載中。

Live Stage Movie - 安室奈美恵「Namie Amuro LIVE GENIC 2015-2016」(©ON THE LINE, 2015-2016) Director+Art Director：Natsuki Kida (Legolas inc.), Production：silent film+東北新社

Live Stage Direction - VAMPS「Halloween Party 2015/2016」(©VAMPROSE 2015-2016), Director+Stage Set Design+Art：Natsuki Kida (Legolas inc.), Production：P.I.C.S.+Legolas inc.

CREATOR 100

BELONG TO/ WOW inc.
TEL/ +81(0)3 5459 1100
E-MAIL/ ryokbk@w0w.co.jp
URL/ ryokitabatake.com

CATEGORY/ CM, Web, Event, Short Movie, UI/UX
TOOLS/ CINEMA 4D, After Effects, Premiere, Illustrator, Photoshop

038/100　北畠遼　Ryo Kitabatake

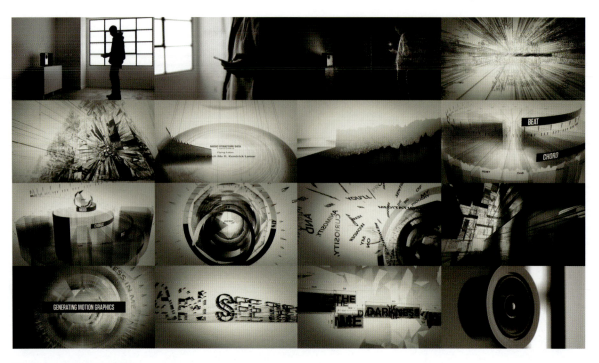

Web - Lyric speaker (©SIX inc., 2016)
Director: Ryo Kitabatake

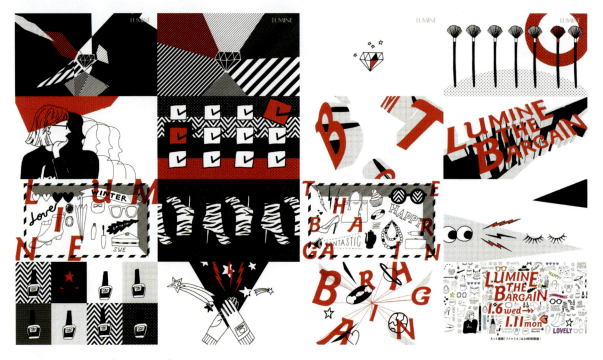

CM - LUMINE THE BARGAIN (©LUMINE, 2016)
Director: Ryo Kitabatake

1987年生まれ。3年の米国留学を経てWOW inc.に入社。3DCGやモーショングラフィックスを表現の主軸にしたCMやWeb映像を演出する傍ら、グラフィックデザインのバックボーンを活かし、映像以外のメディアも含めた総合的なアートディレクションも手掛ける。近年はプロダクトのUI/UXデザインやイベントのグラフィックパッケージ制作など、表現の幅を広げている。国内外を問わず様々なディレクション経験を有する。

Short Movie -「Feeder」(©Ryo Kitabatake, 2017) Director: Ryo Kitabatake

Web -「Clé de Peau Beauté - Radiant Multi Repair Oil Concept」(©Clé de Peau Beauté, 2016) Director: Ryo Kitabatake

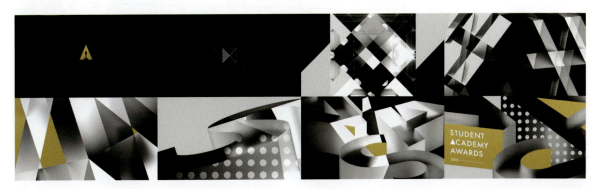

Event -「Student Academy Awards 2016」(©Academy of Motion Picture Arts and Sciences, 2016) Director: Ryo Kitabatake

CREATOR 100	BELONG TO/ ODDJOB INC TEL/ +81(0)80 6945 3730 E-MAIL/ supernatural.373@gmail.com URL/ www.kitamuraminami.com	CATEGORY/ MV, CM, Short Animation TOOLS/ After Effects, Photoshop, Illustrator

039/100　　北村みなみ　　Minami Kitamura

CM - SPACE SHOWER TV STATION ID「The Great Little Journey」(©SPACE SHOWER NETWORKS INC., 2016) Director: 北村みなみ

MV - brinq「baby baby feat. minan(lyrical school)」(©brinq, 2016)
Director: 北村みなみ, Typographer: 山田和寛

静岡県出身。多摩美術大学造形表現学部で学んだ後、フリーランスに。アニメーション作家・アニメーター・イラストレーターとして活動中。自身のイラストを用いたアニメーションをはじめ、他のイラストレーターのアニメーション、モーショングラフィックスまで、幅広く制作。

Animation - サントリー オールフリーコラーゲン (©Suntory Holdings Limited, 2015) Director: 北村みなみ

MV, TV - NHK Eテレ シャキーン！「朝にはじまる」(©NHK, 2016)
Director: 北村みなみ, Illustrator: 玉川桜

MV - ななみ「恋桜」(©yamaha music artist inc./ yamaha music publishing inc., 2015) Director: 北村みなみ

Event Motion ID - Reborn-Art Festival × ap bank fes 2016 (©Reborn-Art Festival, 2016)
Director: 北村みなみ, [Left] Graphic Designer: 小口達也, [Right] Illustrator: 福田利之

CREATOR 100

BELONG TO/ WOW inc.
TEL/ +81(0)3 5459 1100
E-MAIL/ tatsuki@w0w.co.jp, wiggle.tk@gmail.com
URL/ www.w0w.co.jp, tatsukikondo.com

CATEGORY/ Installation, Projection Mapping, Event Movie, CF, Short Film
TOOLS/ CINEMA 4D, After Effects, Premiere, Illustrator, Photoshop

040/100　近藤樹　Tatsuki Kondo

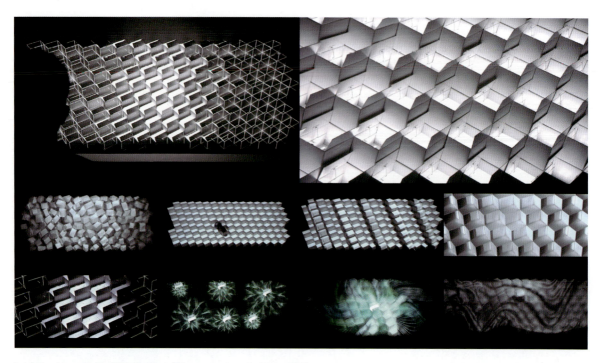

Installation - Amazon Fashion 01 Manifest Movie (©Amazon.com, Inc. or its affiliates, 2016)
Direction: WOW, Planner+Director+CG Designer: 近藤樹 (WOW), CG Designer: 蓬莱美咲 (WOW), Technical Director: 石鍋俊作 (WOW), Producer: 松井康彰 (WOW),
Music: P-CAMP, Director: 鮫島充, Production: TYO drive, Producer: 石川竜大, Production Manager: 藤田侑也, Making Director: 山田修平 (HANABI)

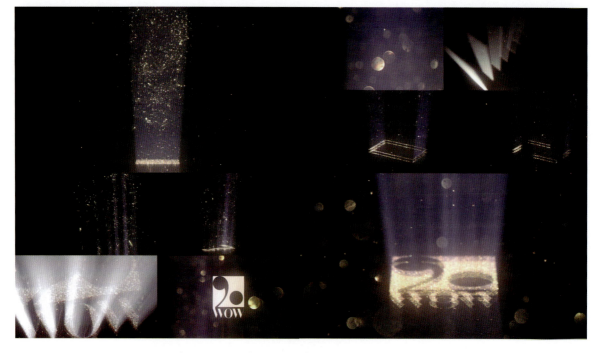

Moving Logo - WOW 20th Anniversary Movie Logo「Glittering Particles」(©WOW inc, 2016)
Director+Designer: 近藤樹, Music: 長崎智宏, Logo Design: 丸山新 (&Form)

静岡文化芸術大学デザイン学部空間造形学科卒業後、TV番組やイベント、コンサートの映像制作を経て、現在はWOWにてディレクター／デザイナーとして所属。CINEMA 4DやAfter Effectsを用いた映像制作・演出を手掛けている。一方で、光や風、動力といった身近にある現象を取り入れた空間演出やインスタレーションを得意とする。映像や空間といった枠組みを越えて、様々な現象が持つ美しさを再構築し鑑賞者にその世界観が伝わる作品づくりを心掛けている。

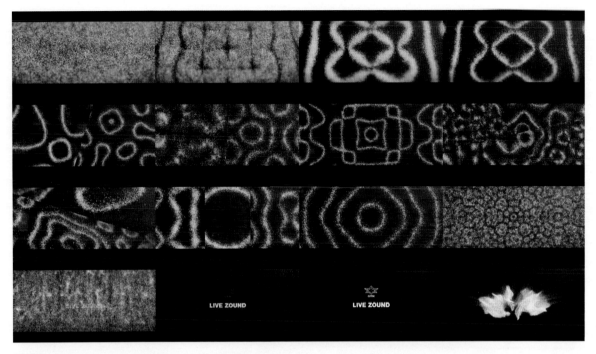

Moving Logo - CINECITTA'「LIVE ZOUND」(©CINECITTA', 2016)
Director+Designer: 近藤樹, Music Composer: 玉置裕介, Producer: 萩原豪

Short Movie -「Light of Border」(2015)
Director: 近藤樹, Photographer: 早川佳郎, Music Composer: 青木隆多, Actor: 樋口舞子

CREATOR 100

BELONG TO/ P.I.C.S.management
TEL/ +81(0)3 3791 8855
E-MAIL/ post@pics.tokyo
URL/ www.satoshi-kuroda.com,
www.pics.tokyo

CATEGORY/ CM, MV, OOH, Web, Broadcast
CG, Design, Art Direction
TOOLS/ After Effects, Photoshop, Illustrator,
3ds Max

041/100　　　黒田賢　　　Satoshi Kuroda

CM, Web Movie - JINS Airframe ココチ良い人生を。(©JIN CO., LTD., 2016) Director: 黒田賢, A&P: MIKATA+ROBOT

Web Movie - Panasonic x Neymar Jr. CRAZY SKILLS「360°OBSERVATION CAM」and「NEYMAR JR.'S #CRAZYSKILLSAWARD」(©Panasonic, 2015)
Director: 黒田賢, A&P: DENTSU+northshore

CM - TOKYU PLAZA 2016 WINTER (©TOKYU LAND CORPORATION/TOKYU LAND SC MANAGEMENT, 2016) Director: 黒田賢, A&P: ADK+東北新社

Web Movie - Xperia™ Ear「TWOURIST 〜ふたり旅〜」(©Sony Mobile Communications Japan, Inc., 2016) Director: 黒田賢, A&P: 電通+ONE STONE

1977年生まれ。CG会社を経て、2006年 P.I.C.S.入社。現在P.I.C.S.management所属。映像ディレクションに加え、アートディレクション、モーショングラフィックス、3D制作、編集までを手掛ける。CM・MV・OOHなどの企画・演出の他、ミュージシャンとのコラボレーション映像や、ストリートカルチャー／アクションスポーツをテーマにしたオリジナルワークを展開するなど、幅広く活動中。Promax BDA World Gold Awardsにて「WOWOW Station-ID」シルバー受賞。

Brand Movie - Panasonic TV「Framed Life」(©Panasonic, 2016) Director: 黒田賢, Production: ROBOT

MV - WANIMA「ともに」(©PIZZA OF DEATH RECORDS, 2016) Director: 黒田賢, Production: FUEL MEDIA

Web Movie - H BEAUTY&YOUTH Special Movie (©UNITED ARROWS LTD., 2016) Director: 黒田賢, Produce: GINZA MAGAZINE (Magazine House, Ltd.), Production: P.I.C.S., Art Director: Yosuke Abe (tha ltd.), Vocal: ROY Tamaki, Track: Shuta Hasunuma

CM, Web Movie - JAL US MOVIE (©JAPAN AIRLINES, 2017) Director: 黒田賢, A&P: 電通＋エンジンフイルム

CREATOR 100

BELONG TO/ Loftwork Inc.
TEL/ +81(0)90 2649 9708
E-MAIL/ minori0917pencil@gmail.com
URL/ minorikuwabara.com

CATEGORY/ Short Movie, Animation, Web, CM
TOOLS/ After Effects, Premiere, Final Cut, Illustrator, Photoshop, Flash, Lightroom

042/100　　桑原季　　Minori Kuwabara

Animation - Game Changer（©Minori Kuwabara, 2015）
Director+Illustrator: 桑原季

CM -「あの日あのときあの場所へ」（©Minori Kuwabara, 2016）
Director: 桑原季, Editor: 林響太朗

098

1988年生まれ。武蔵野美術大学基礎デザイン学科卒業。株式会社ドローイングアンドマニュアルを経て、スウェーデンのHyper Islandへ留学。2016年に帰国しWieden+Kenndedy Tokyoでのインターンを経て、株式会社ロフトワークでディレクターとして活動。イラストレーションやアニメーションを得意とする一方で、企業向けのコ・クリエイションを目的としたワークショップの設計なども手掛ける。

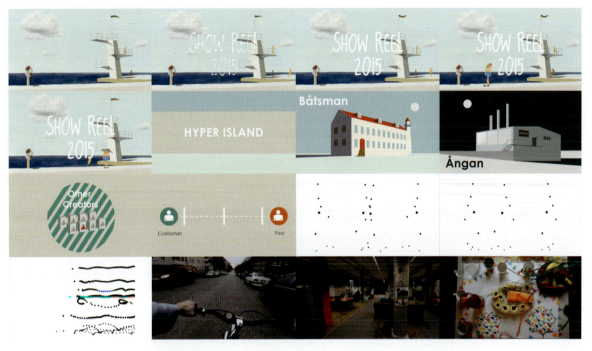

Animation -「ShowReel 2015」(©Minori Kuwabara, 2015)
Director+Illustrator+Editor: 桑原季

CM -「Sunrise」(©Minori Kuwabara, 2015)
Director+Editor: 桑原季

CREATOR 100

BELONG TO/ P.I.C.S.
TEL／ +81(0)3 3791 8855
E-MAIL／ post@pics.tokyo
URL／ www.pics.tokyo/people/atsushi-makino

CATEGORY／ CM, MV, Web, Direction, Art Direction, Design, Character Design, Animation
TOOLS／ Photoshop, After Effects

043/100　　牧野惇　　Atsushi Makino

MV - Mr.Children「ヒカリノアトリエ」(©2017 ENJING INC. / TOY'S FACTORY INC., 2017)
Director+Designer: 牧野惇, Creative Director: 森本千絵(goen°), Production: 東北新社

Web - HEARTLAND FOREST「HEARTLAND BEER ART PROJECT_ 2016」(©Kirin Brewery Company, Limited, 2016)
Movie+Animation Director: 牧野惇, Agency: Dentsu, Production: Dentsu Creative X

Web - TOYOTA ESTIMA「Sense of Wonder 好奇心を、動かそう。」(©TOYOTA MOTOR CORPORATION., 2016)
Movie Director: 牧野惇, Agency: Dentsu, Production: amana+P.I.C.S.

CM - 東急プラザ銀座 開業告知CM (©TOKYU LAND SC MANAGEMENT, 2016)
Director+Character Design+Animation: 牧野惇, Agency: ADK+Drill, Production: Wasa-be+P.I.C.S.

Short Film - NHKテクネ 映像の教室 テクネ・トライ「breakfast & adventure」
(©Atsushi Makino, 2016) Director+Animation Director+Art: 牧野惇, Production: P.I.C.S.

MV - YUKI「ポストに声を投げ入れて」(©Epic Records Japan, 2016)
Director+Art Director: 牧野惇, Creative Direction: CEKAI, Production: ENGINE FILM

映像作家、ディレクター。1982年生まれ。チェコの美術大学UMPRUMのTV＆Film Graphic学科にてアニメーションを学んだのち、東京藝術大学大学院映像研究科アニメーション専攻修了。ドローイングアニメーションからパペット、ロトスコープ、コマ撮りなど多様な技法を採用し、媒体を問わず活動中。アヌシー国際アニメーション映画祭、Anifilm、Golden Kuker-Sofiaなど上映多数。福井県出身であり、福井ブランド大使も務める。

Live - Mr.Children Stadium Tour 2015 未完 オープニング/エンディング映像 (©ENJING INC., 2015) Director+Character Design：牧野惇, Production: bloomotion+P.I.C.S.

Live - Mr.Children TOUR 2015 REFLECTION オープニング/エンディング, ステージ演出映像 (©ENJING INC., 2015) Director+Character Design: 牧野惇, Production: bloomotion+Eallin Japan

MV - sasanomaly「共感覚おばけ」(©Rainbow Entertainment Co.,Ltd., 2015) Director+Design+Animation Director+Art: 牧野惇, Production: P.I.C.S.

MV - sasanomaly「Re:verb」(©Rainbow Entertainment Co.,Ltd., 2016) Director+Design+Animation Director+Art: 牧野惇, Production: P.I.C.S.

MV - sasanomaly「M(OTHER)」(©Rainbow Entertainment Co.,Ltd., 2016) Director+Design+Animation Director+Art：牧野 惇, Production: P.I.C.S.

Web -「五五七二三一〇 MUSHUP MUSIC PLAYER」(2016) Client: NISSIN FOODS, Director+Design: 牧野惇, Agency: Dentsu, Production: 東北新社

Projection Mapping -「LANDMARK Bright Christmas 2016 〜くるみ割り人形とめぐる夢の物語〜」「Marunouchi Bright Christmas 2016 不思議なくるみ割り人形の物語」(©MITSUBISHI ESTATE Co., Ltd. / MITSUBISHI JISHO PROPERTYMANAGEMENT Co., Ltd., 2016) Director+Design+Animation Director+Character Design: 牧野惇, Agency: Drill, Production: P.I.C.S.

Exhibition Movie -「Town in the garden/パークシティー武蔵小杉 ザ ガーデン」(©Mitsui Fudosan Residential Co.,Ltd. / JX Nippon Real Estate Corporation, 2015) Director+Design+Animation: 牧野惇, Creative Director: なりたはじめ(CreativeOut®), Production: TYO＋ガレージフィルム
MV - The BONEZ「friends」(©TENSAIBAKA RECORDS, 2015) Director+Animation Director+Art: 牧野惇, Production: P.I.C.S.
Broadcast - J SPORTS 2016 MLB オープニング/エンディング(©J SPORTS, 2016) Director+Animation Director+Character Design: 牧野惇, Production: P.I.C.S.
MV - amazarashi「名前」(©Sony Music Associated Records Inc., 2015) Director+Animation Director+Art: 牧野惇, Production: P.I.C.S.

CREATOR 100

BELONG TO/ Rhizomatiks Research
TEL/ +81(0)3 5789 9929
E-MAIL/ info@rhizomatiks.com
URL/ www.daito.ws

CATEGORY/ Installation
TOOLS/ openFrameworks, NodeBox, Max, Live

044/100　真鍋大度　Daito Manabe

VR - Making of Björk Digital –livestreaming（©Santiago Felipe, 2016）

MV - Nosaj Thing「Cold Stares ft. Chance The Rapper + The O'My's」(2015)
Creative Director+Technical Director: Daito Manabe(Rhizomatiks Research), Video Director: TAKCOM, Choreographer: MIKIKO(ELEVENPLAY), Technical Director+ Hardware Designer+Hardware Engineer: Motoi Ishibashi(Rhizomatiks Research), Computer Vision Programmer: Yuya Hanai(Rhizomatiks Research) Drone Engineer: Katsuhiko Harada (Rhizomatiks Research), Momoko Nishimoto(Rhizomatiks Research), Youichi Sakamoto(Rhizomatiks Research), Tomoaki Yanagisawa(Rhizomatiks Research), Cast: Kaori Yasukawa(ELEVENPLAY), Erisa Wakisaka(ELEVENPLAY), Video Producer: Takahiko Kajima(P.I.C.S.), Video Production Manager, Syuhei Harada(P.I.C.S.), CG Designer: Akira Miwa(McRAY), Kohki Okuyama(McRAY), CG Producer: Akira Iio(McRAY), 3D Scan and Motion Capture System: Crescent,inc., Costume Designer: Yae-pon

メディアアーティスト、DJ、プログラマー。2006年、Rhizomatiks（ライゾマティクス）設立。2015年よりライゾマティクスのなかでもR&D的要素の強いプロジェクトを行うRhizomatiks Research（ライゾマティクスリサーチ）を石橋素と共同主宰。プログラミングとインタラクションデザインを駆使して様々なジャンルのアーティストとコラボレーションプロジェクトを行う。

MV - FaltyDL「Shock Therapy」(2017)
Creative Director: 真鍋大度(Rhizomatiks Research) , Technical Director: 石橋素(Rhizomatiks Research) , Producer: 千葉秀憲(Rhizomatiks) , レイ(Rhizomatiks) , 上田悠介(Rhizomatiks) , Directing: 清水憲一郎, Photographer: 渡邊龍平, アマナ, CG: 川田昇吾(GORAKU) , Cooperation: 高橋裕行, のと里山空港賑わい創出実行委員会

Stage -「FORM」東京国際フォーラム開館20周年記念事業(2017)
Performance+General Director: 野村萬斎, Movie Production: 真鍋大度, Sponsor: 東京国際フォーラム, Planning+Production: 東京国際フォーラム, NHKエンタープライズ
Cooperation: ライゾマティクス, Photo: Hiroyuki Takahashi, NEP

CREATOR 100

TEL/ +81(0)80 3096 6985
E-MAIL/ mirai0714mizue@yahoo.co.jp
URL/ miraifilm.com

CATEGORY/ Short Animation, MV, CM
TOOLS/ After Effects, Premiere, Illustrator, Photoshop

045/100　水江未来　　Mirai Mizue

Original Film - 「DREAMLAND」(©MIRAI MIZUE, CaRTe bLaNChe, CANAL+, 2017)
Director: 水江未来, Music: Scarlatti Goes Electro

Original Film - 「JAM」(©MIRAI MIZUE, 2009)
Director: 水江未来, Music: Kai&Co.

1981年生まれ。多摩美術大学グラフィックデザイン学科卒業。卒業後からフリーランスで活動。主に国際映画祭での上映を目的にした短編アニメーションの制作を行っている。ヴェネチア映画祭・ベルリン映画祭で正式招待上映。アヌシー国際アニメーション映画祭で2度の受賞。MV、CM、子供向け番組のアニメーションやキャラクターデザインも手掛ける。多摩美術大学情報デザイン学科メディア芸術コース非常勤講師。

Original Film -「WONDER」(©MIRAI MIZUE, CaR le bLaNChe, 2014)
Director: 水江未来, Music: PASCALS

Opening Film for Music Festival -「天才万博2016」(©MIRAI MIZUE, 2016)
Director: 水江未来, Music: Takashi Watanabe

CREATOR 100

E-MAIL/ yoriko@imoredy.com
URL/ www.imoredy.com

CATEGORY/ Short Movie, MV, CM, Web
TOOLS/ Photoshop, After Effects

046/100   水尻自子   Yoriko Mizushiri

MV - 蓮沼執太「テレポート」(©Shuta Hasunuma, 2017)

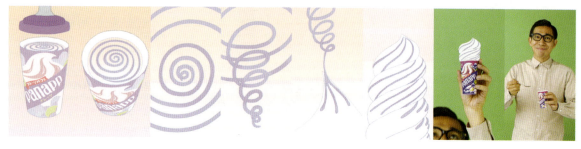

Short Movie - Glico Panapp Special Movie (©EZAKI GLICO CO.,LTD., 2017)

1984年、青森県生まれ。手描きアニメを中心に制作する映像作家。身体の一部や寿司などをモチーフにした感触的なアニメーションを得意とする。MVやCMの制作などを手掛けつつ、短編作品の制作を続ける。文化庁メディア芸術祭アニメーション部門新人賞、広島国際アニメーションフェスティバル木下蓮三賞、ベルリン国際映画祭短編コンペ正式出品など。

GIF Animation - GIFアニメいろいろ (©Yoriko Mizushiri, 2017)

CREATOR 100

TEL/ +81(0)80 5087 9840
URL/ www.kantamochida.info

CATEGORY/ Short Movie, MV, VJ, TV, 3DCG Design, Products CG, Installation, Interactive Art
TOOLS/ CINEMA 4D, After Effects, Premiere, Photoshop, Max/MSP, Arduino, openFrameworks, Unreal Engine 4

047/100　　持田寛太　　Kanta Mochida

Interactive Installation - quantum gastronomy (©Kanta Mochida, 2016)

Display Installation -「飯循環」(©Kanta Mochida, 2016)

108

1991年生まれ。多摩美術大学情報デザイン学科メディア芸術コース卒業。映像作家、フリーランスのジェネラリストとして活動中。3DCG、実写映像などの映像制作を主に行う。また、映像作品のアウトプットの媒体を拡張する試みとしてインタラクティブアートやインスタレーションの制作も行う。デジタルと現実空間にいかに自身を繋げるかを探求している。学生CGコンテストで2014年と2016年に受賞。LUMINE meets ART AWARD 2016映像部門入賞。

MV - Pa's Lam System「TWISTSTEP」(©TOY'S FACTORY, 2016)
Director: Katsuki Nogami, Kanta Mochida, Densuke28

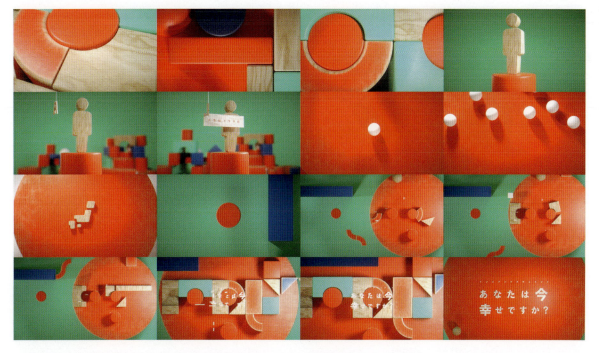

Opening Title -「あなたは今幸せですか」2017年1月15日午後1時55分〜放送（©テレビ朝日, 2017）

| CREATOR 100 | BELONG TO/ MORIE Inc.
TEL/ +81(0)3 6907 1133
E-MAIL/ info@morie-inc.com
URL/ morie-inc.com | CATEGORY/ MV, CM, TV, Web, Short Movie
TOOLS/ Maya, Light Wave, ZBrush, Nuke,
Marvelous Designer, After Effects, Premiere,
Illustrator, Photoshop, SAI |

048/100　　森江康太　　Kohta Morie

MV - HIDETAKE TAKAYAMA, 「Express feat. Silla (múm)」(©GOON TRAX, Transistor Studio, 2010)
Director: Kohta Morie, CG Animation: Kohta Morie, Cotalo Azuma, CG Modeling : Junichi Akimoto, Takashi Nakagawa, Hayato Kanayama, Hiroyuki Ito, Kazuki Matoba, Hironari Okada, Masato Tajima, Ami Nakai, CG Effects: Junichi Akimoto, Toyokazu Hirai, Composite: Takahiro Shibano, Hiroyuki Ito, Masato Tajima, R&D: Hiroyuki Ito, Matte Painting: Hayato Kanayama, Assistant Director: Hiroyuki Ito, Yosuke Ohno, Produced by Transistor Studio

CM - オカモトゼロワンCM 恐竜篇 (©オカモト株式会社, 2016)
Director: Kohta Morie, CG Animation: Kohta Morie, CG Modeling: Kosuke Taguchi, CG Rigging: Masato Tajima, CG Effects: Toyokazu Hirai, CG Staff: Takashi Nakagawa, Kazuki Matoba, Ayu Oh, Koetsu Ogawa, Composite: Takahiro Shibano, Assistant Director: Yosuke Ohno, Agency DENTSU AD-GEAR, Production BIRDMAN

1985年生まれ。トランジスタ・スタジオに入社し、映画、TV、MVなどで主にCGアニメーション制作を行う。2016年に独立しMORIE Inc.を設立。CGアニメーターとして専門誌にて連載を持つ傍ら、映像ディレクターとしても活動の幅を広げ、CM、テレビなどでの映像演出を手掛ける。

CM - 京都学園大学TVCM『アサギマダラの夢』（©京都学園大学, 2015) Director: Kohta Morie, Character Design: kamogawa, Music: hidetake takayama, Creative Director: Shingo Nishida, CM Planner: Daisuke Aoki, Tatsuya Shimizu, Fusako Shibata, Yusuke Hiza, Producer: Aya Kawabe, Production manager: Shota Takei, CG Animation Production: Transistor Studio, CG Animator: Kohta Morie, Ryo Nihara, Cotalo Azuma, Kazuki Matoba, Ayu Ou, Koetsu Ogawa, CG Modeler: Takashi Nakagawa, Hayato Kanayama, Masanori Hirata, Hironari Okada, Satoshi Sagawa, Ken Sato, CG Setup: Masato Tajima, CG Effects Artist: Junichi Akimoto, Toyokazu Hirai, Compositor: Takahiro Shibano, Graphic Artist: Tasuku Innami, Ayako Suzuki, Assistant Director: Yosuke Ohno

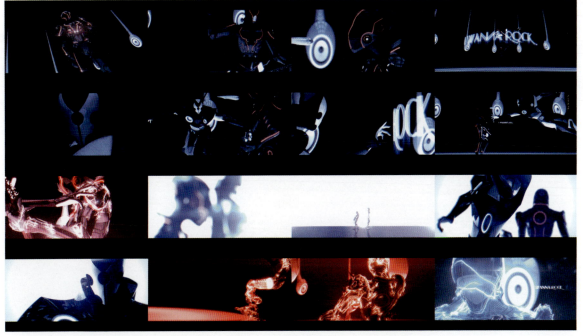

MV - High speed boyz『I wanna rock』(©High Speed Boyz inc., 2015)
Director: Kohta Morie, CG Animation: Kohta Morie, Ryo Nihara, Cotalo Azuma, CG Modeling: Takashi Nakagawa, Hayato Kanayama, Masanori Hirata, Kazuki Matoba, Hironari Okada, Masato Tajima, Satoshi Sagawa, Ken Sato, CG Effects: Junichi Akimoto, Toyokazu Hirai, Composite: Takahiro Shibano, Assistant Director: Yosuke Ohn

CREATOR 100

BELONG TO/ 株式会社ストライプファクトリー
TEL/ +81(0)3 6432 7535
E-MAIL/ kazuma@stripe.co.jp
URL/ www.stripe.co.jp

CATEGORY/ Art, MV, CM, Short Movie, Web, Design, VJ
TOOLS/ Maya, After Effects, Premiere, Illustrator, Photoshop, etc.

049/100　　森野和馬　　Kazuma Morino

Art -「立体映像」(©Stripe Factory, 2015)
Artist: 森野和馬

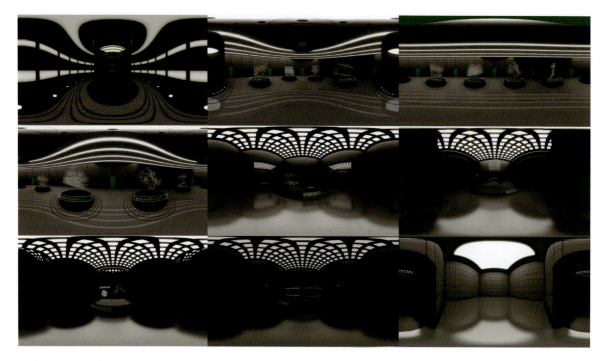

PV -「不織布VR」(©Kao, 2016)
Director: 森野和馬

1966年静岡県生まれ。1998年ストライプファクトリー設立。SIGGRAPH、Prix Ars Electronicaなど、海外での受賞多数。アート作品では国内外で個展、企画展多数。アーティスト、映像ディレクター、デザイナーとして数々のCM、東芝やサントリーなどのCI、モーショングラフィックス、MV、Web、アプリ開発、商品企画など様々な分野を手掛ける。

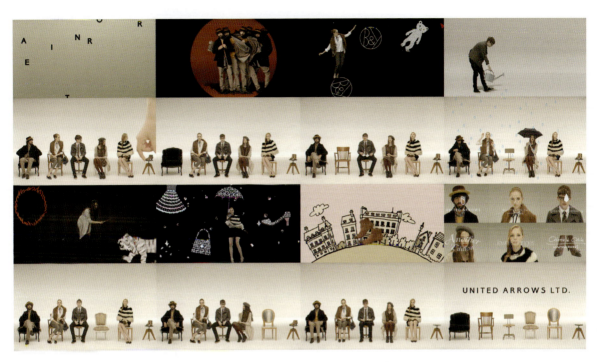

Event - 「ZOZOコレ」(©United Arrows, 2012)
Director: 森野和馬

CM - 「企業ドア」篇(©ZENT, 2012)
Director: 森野和馬

CREATOR 100

BELONG TO/ KICKS
TEL/ +81(0) 90 1705 7977
E-MAIL/ nagasoe@the-kicks.jp, hori@the-kicks.jp
URL/ www.the-kicks.jp

CATEGORY/ CM, MV, Short Movie
TOOLS/ After Effects, Premiere, Final Cut, Illustrator, Photoshop,

050/100　　　長添雅嗣　　　Masatsugu Nagasoe

CM - You Tube「好きなことで、生きていく -関根りさ -MACO - エグスプロージョン」(©Google, 2016)

MV - ももいろクローバーZ「WE ARE BORN」(©EVIL LINE RECORDS, 2016)

MV - ももいろクローバーZ「ザ・ゴールデン・ヒストリー」(©EVIL LINE RECORDS, 2016)

CM - Who is Yanmar？(©ヤンマー, 2016)

武蔵野美術大学卒業後 teevee graphics に参加。2008年に独立し、映像ディレクターとして数々のCMやMVを手掛ける。2009年N・E・Wの設立メンバーとして活動後、2016年1月KICKS設立。

PV - PERSONA5 × SuperGroupies Special Collaboration Movie（©ATLUS, SEGA, 2016）

MV - DAOKO「ダイスキ with TeddyLoid」（©TOY'S FACTORY INC., 2016）

CM - エレベーターメンテナンス「HUMAN FRIENDLY メンテナンス」（©日立ビルシステム, 2016）

CM - ALTO「A DAY OF ALTO」（©SUZUKI, 2016）

CREATOR 100

BELONG TO/ WOW inc.
TEL/ +81(0)3 5459 1100
E-MAIL/ nakama@w0w.co.jp
URL/ kouheinakama.com

CATEGORY/ CM, MV, Exhibition Movie
TOOLS/ Softimage, After Effects, Photoshop

051/100　　中間耕平　　Kouhei Nakama

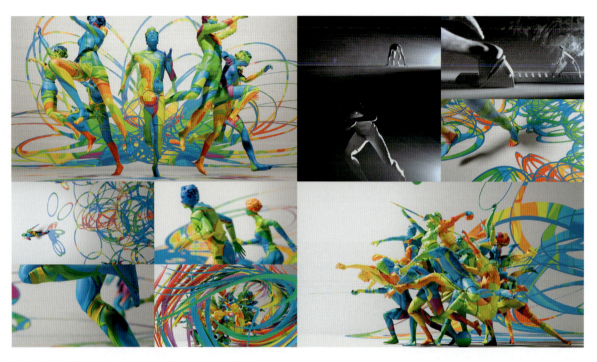

Opening Movie 「NHKリオオリンピックオープニングムービー」(©NHK, 2016)
Director: 中間耕平

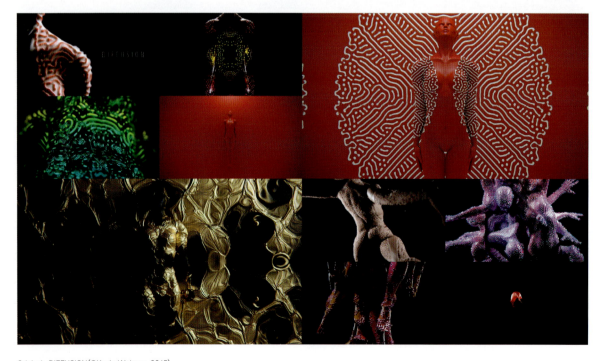

Original - DIFFUSION (©Kouhei Nakama, 2015)
Director: 中間耕平

CGプロダクション勤務を経て、2009年よりビジュアルアートディレクターとしてWOWに参加。CM、MV、展示映像などのCG制作やディレクションを行う。2007年オリジナル作品「SHATTER」がアジアデジタルアート大賞受賞。2007年、2010年 SIGGRAPH Computer Animation Festival 入賞ほか。

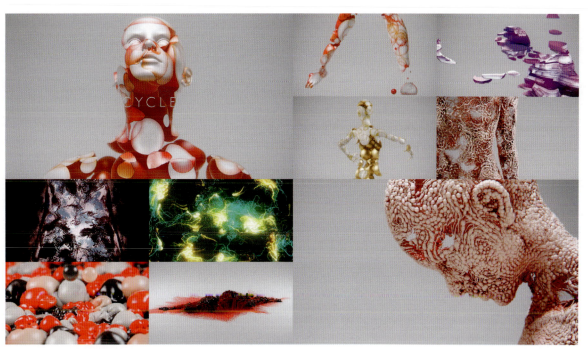

Original - CYCLE（©Kouhei Nakama, 2016）
Director: 中間耕平

Web Movie- AXIS by BLUEVOX!（©WOW inc, 2016）
Director: 中間耕平

CREATOR 100

TEL/ +81(0)90 5857 1156
E-MAIL/ southjyooo@gmail.com
URL/ nanjosaho.com

CATEGORY/ Animation
TOOLS/ TV Paint Animation, Photoshop, After Effects, Premiere, Pro tools

052/100　　南條沙歩　　Saho Nanjo

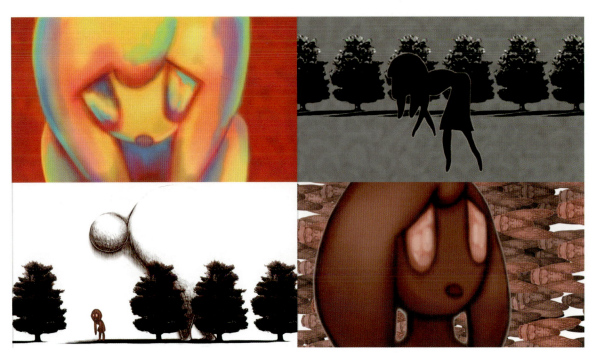

Animation - 南條沙歩「白蟲夢」(©Saho Nanjo, 2012)

Animation - 南條沙歩「ニニ」(©Saho Nanjo, 2013)

1989年、岐阜県生まれ。京都市立芸術大学大学院美術研究科構想設計専攻修了。主に手描きアニメーションを制作。物語全体を客観的な時間軸で捉えるのではなく、断片的に場所や人物から発生した現象を組み合わせて構成している。また自らの皮膚感覚を描写することで、記憶の中にある気配を表現することを試みる。他に、感情と記憶の結びつきのスケッチとして、寝ている間に見る夢をイラストとして記録した「夢日記」を日常的に制作し、ネット上で発信している。

Animation - 南條沙歩「微熱」(©Saho Nanjo, 2015)

Animation - 南條沙歩「犬の庭 起りの編」(©Saho Nanjo, 2016)

CREATOR 100

BELONG TO/ SMALT inc.
TEL/ +81(0)90 4915 2166
E-MAIL/ isao1355@dance.ocn.ne.jp

CATEGORY/ CM, MV, Broadcast Design, Planetarium
TOOLS/ After Effects, Premiere, 3ds Max, LightWave

053/100　西郡勲　Isao Nishigori

Dome Theater - 東京国際空港ターミナル プラネタリウムコンテンツ「Flower Universe- 東信 花宇宙の旅 -」(©NHK Enterprises+P.I.C.S., 2015)
Director: 西郡勲

Water Screen - BOAT RACE 鳴門「ウォータースクリーンイリュージョン」(zero, 2016)
Director: 西郡勲

1975年生まれ。1995年MTV Station IDコンテストにてグランプリをきっかけにMTV JAPAN入社。P.I.C.S.を経て、2009年株式会社SMALT設立。CGを軸にCM、MV、プロジェクションマッピング、360°ドームコンテンツをはじめ近年では映像を使ったイベントやショーの総合演出なども手掛ける。SIGGRAPH、文化庁メディア芸術祭優秀賞など受賞多数。

CM - アサヒドライゼロ「No.1ヒート」篇（電通＋ピクト, 2016）
Director: 西郡勲

Promotion - ソニービジュアルプロダクツ BRAVIA「Metamorphose」(P.I.C.S., 2015)
Director: 西郡勲

CREATOR 100

TEL/ +81(0)90 9972 4574
E-MAIL/ nogamikatsuki@gmail.com
URL/ katsukinogami.com

CATEGORY/ MV, CM, Installation
TOOLS/ CINEMA 4D, After Effects, Premiere, Max/MSP, VDMX, sony α7S

054/100　　ノガミカツキ　　Katsuki Nogami

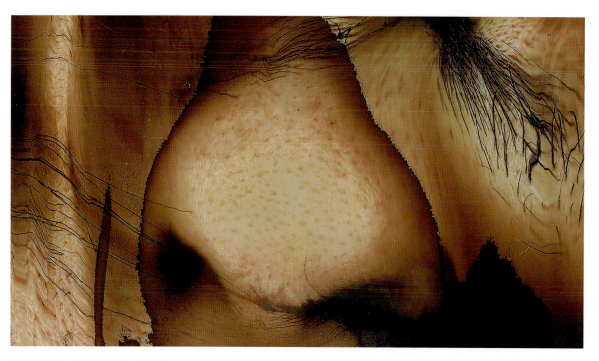

Video Installation - ID (©Katsuki Nogami, 2016)

MV - Pa's Lam System, TWISTSTEP (©TOY'S FACTORY INC., 2016)
DIrector: Katsuki Nogami, Kanta Mochida, Densuke 28

1992年製MixCreator。新潟県長岡市出身。ベルリン芸術大学でオラファー・エリアソンに師事。武蔵野美術大学卒業。第19回文化庁メディア芸術祭新人賞、第20回学生CGコンテストグランプリ、ifva 21st silver award、アジアデジタルアート大賞2015優秀賞、FILEやWRO、Scopitoneなど海外のメディアアート祭に出演。『VICE』アーティスト特集、『WIRED』や『designboom』、『装苑』などメディア掲載多数。

MV ゆるめるモ！, Hamidasumo!(Heaven&Hell Remix) (©You'll Records, 2015)

MV - group_inou, EYE (©GAL, 2015)
DIrector: Baku Hashimoto, Katsuki Nogami

CREATOR 100　　E-MAIL/　mjokoji@gmail.com　　CATEGORY/　CM, MV, Short Movie
　　　　　　　　URL/　nuq.o.oo7.jp　　　　　　TOOLS/　Photoshop, Illustrator, Premiere

055/100　　ぬQ　　　　nuQ

Animation - 「ニュ〜東京音頭」（©nuQ, 2012）

Animation - 「カゼノフネ公園」（©nuQ, 2016）

アニメーション作家。修了制作のニュ〜東京音頭（アニメーション）が第18回学生CGコンテスト最優秀賞を受賞、第16回文化庁メディア芸術祭審査委員会推薦作品に選出されるなど、国内外で上映多数。pixivzingaro（東京）やシブカル祭（バンコク）などの展覧会で作品発表をしながら、チャットモンチーやNHKEテレのMVや、ローソンのキャンペーン広告などクライアントワークも手掛ける。

MV - チャットモンチー「こころとあたま」（©nuQ, 2014）

Short Movie - 新千歳空港国際アニメーション映画祭2016 告知動画「新千歳空港国際アニメーション映画祭2016」（©nuQ, 2016）

CREATOR 100

E-MAIL/ takashi.1320013@gmail.com
URL/ takashiohashi.com

CATEGORY/ MV, Web Movie, Short Movie, Animation
TOOLS/ After Effecrts

056/100   大橋史   Takashi Ohashi

Short Movie - 「nakaniwa」(©Takashi Ohashi, 2016)
Director: Takashi Ohashi, Sound: Tomggg, Logo Designer: Kazami Suzuki, Producer: BRDG

MV - 妄想キャリブレーション「おもてなでしこ伝承中」(©dearstage, 2015)
Director: Toshitaka Shinoda x Takashi Ohashi, Caractor Designer+ Caractor Animation: Yukie Nakauchi, Graphic Design: Shun Sasaki, Graphic Animation: Masanobu Hiraoka, Producer: Asuka Takizawa(アマナ異次元), Takamasa Yamazaki(amana .inc)

言葉、文字、図形譜をテーマに、CGの有限性・限界線を意識したアニメーション作品を制作し活動している映像作家。作品の多くは新千歳空港国際アニメーション映画祭、Motionographer、onedotzero、Cartoon Brew、The Creators Projectなど国内外のカルチャーマガジンや映像祭で上映・掲載され評価を受けている。オーディオ・ビジュアルイベント「BRDG」でトラックメイカーのTomgggと共演。近年は広告映像や公共放送のコンテンツ制作・演出もしている。

MV - 五五七二三二〇「四味一体」(2016) Movie Director: Takashi Ohashi, Motion Director: Takashi Ohashi, Hideo Ihara, CG Designer: Yasuyuki Yoshida, Graphic Design: AYOND, Planner: Naoki Tanaka, Production: 東北新社

MV - BURNOUT SYNDROMES「文學少女」(©BURNOUT SYNDROMES, 2015) Director: Takashi Ohashi, Art Director: Takumi Kawamoto (Sony Music Communications), Graphic Designer: Wataru Yoshida (Sony Music Communications), Animator: Yukie Nakauchi, Wataru Uekusa, Koya, kwgt, Lyric Animator: Tetsuya Tatamitani (kotobukisun), Motion Designer: Ao Fujimori, Illustrator: Wataru Uekusa, Ao Fujimori, Character Designer: kanekokaihatsu, Producer: Kensaku Aoki (Sony Music Communications), Product Manager: Noriko Ozawa (Sony Music Communications)

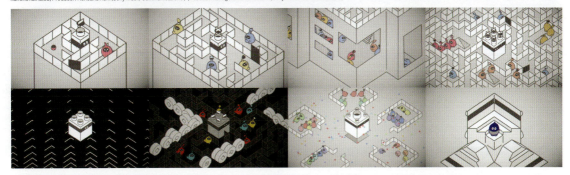

Web Movie - ARTS COUNCIL TOKYO「Zoning Tokyo」(©ARTS COUNCIL TOKYO, 2016) Director: Takashi Ohashi+error403, Caractor Design+Animation: error403, Compositer: Takashi Ohashi, Sound: Tomggg

Web Movie -「東京芸術祭プロモーションムービー」(©東京芸術祭実行委員会, 2016) Director: Takashi Ohashi, Sound: Yuri Habuka

	E-MAIL/ oikawau@gmail.com	CATEGORY/ MV, Web, VJ, Graphic Design
	URL/ yusukeoikawa.tumblr.com	TOOLS/ After Effects, Premiere, Illustrator, Photoshop, Poser, Camera

057/100　　及川佑介　　Yusuke Oikawa

MV - Gasface「Fxxk Me / Training Days」(©Doc:Raw United Group, 2016) Director: 及川佑介

MV - Monster Rion feat. Jinmenusagi「Monster Riot」(©Monsterr Inc., 2016) Director: 及川佑介

MV - 中華一番「小便」(©Team Dosanko, 2016) Director: 及川佑介

1988年神奈川県生まれ。東洋美術学校卒業後、フリーランスとしてMVや音楽CDのアートディレクションを手掛ける。実写、モーショングラフィックス、3DCGなど、手法にとらわれない表現で癖のあるビジュアルを生む。謎の集団「A.S.I.W.C」や、札幌路上集団「中華一番」の映像ユニット・TEAM DOSANKOとしても活動中。

MV - DOTAMA feat. 般若「本音」(©subenoana, 2016) Director: 及川佑介

MV - A.S.I.W.C「COCO de KIMEL」(©A Sheep In Wolfs Clothing, 2016) Director: 及川佑介

MV - A.S.I.W.C「MARIA GUCCI」(©A Sheep In Wolfs Clothing, 2016) Director: 及川佑介

CREATOR 100

E-MAIL/ okawara.ryo@gmail.com
URL/ www.ryookawara.com
CATEGORY/ MV, CM, Short Film, Live
TOOLS/ After Effects, Premiere, Illustrator, Photoshop

058/100 大川原亮　Ryo Okawara

Short Film - 「ハチドリのひとしずく」(©Ryo Okawara, 2014)
Director: 大川原亮

Short Film - 「ディスイズマイハウス」(©Super Milk Cow Inc., 2015)
Director: 大川原亮

1986年神奈川県生まれ。2009年多摩美術大学グラフィックデザイン学科卒業。2012年東京藝術大学大学院映像研究科アニメーション専攻修了。「アニマルダンス」(2009)が文化庁メディア芸術祭で奨励賞受賞。「空の卵」(2012)はシュトゥットガルト国際アニメーション映画祭にてロッテライニガープロモーションアワードを受賞。現在はフリーランスのアニメーション監督、イラストレーターとして活動中。

Live - 齋藤和義「アバリヤーリヤ」(©Rumble Cats Corp, FITZROY CO.,LTD., 2015)
Director: 大川原亮

MV - 齋藤和義「マディウォーター」(©JVCKENWOOD Victor Entertainment Corp, FITZROY CO.,LTD., 2016)
Director: 大川原亮

CREATOR 100

BELONG TO/ SWIMMING
TEL/ +81(0)3 64510756
E-MAIL/ swimming@tomohirookazaki.com
URL/ swimminginc.jp

CATEGORY/ TV, CM, PV, Web, Signage
TOOLS/ After Effects, Premiere, Final Cut, Illustrator, Photoshop, Dragonframe

059/100   岡崎智弘   Tomohiro Okazaki

TV - 解散！（©NHK, 2011〜）

Web - tomohirookazaki.com（©Tomohiro Okazaki, 2010）

デザイナー。1981年生まれ、東京造形大学デザイン学科卒業。広告会社、グラフィックデザイン事務所勤務を経て、2011年9月よりSWIMMINGを設立。デザインの思考を基軸に、印刷物や映像、展覧会などカテゴリーを横断したデザインを行う。映像領域では、映像における質感と知覚に興味があり、ストップモーション技法による映像を主な仕事としている。

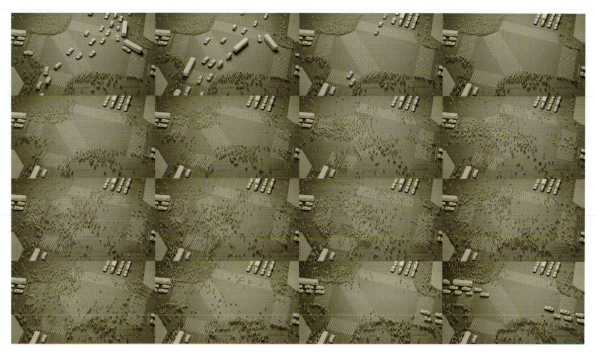

PV - 1/100 SHIBUYA Crossing（©TERADAMOKEI PICTURES, 2015）

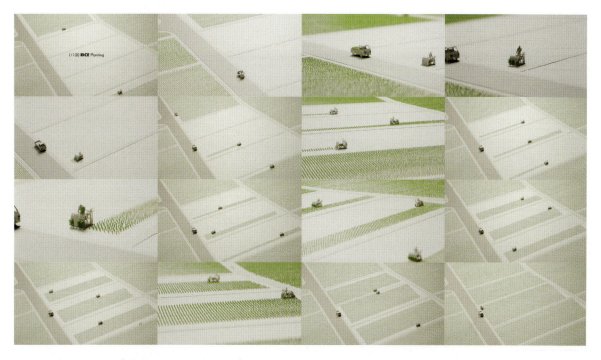

PV - 1/100 RICE Planting（©TERADAMOKEI PICTURES, 2016）

CREATOR 100

BELONG TO/ INS Studio
TEL/ +81(0)3 3464 1525
E-MAIL/ d@ins-stud.io
URL/ ryuokubo.jp

CATEGORY/ MV, CM, Illustration
TOOLS/ Photoshop, Illustrator, Premiere, After Effects,

060/100　オオクボリュウ　Ryu Okubo

MV - Mndsgn「Alluptoyou」(©Stones Throw Records, 2016)

MV - D.A.N.「Ghana」(©Bayon Production, SSWB, 2015)

映像ディレクターとして東京メトロ、カントリーマアムのCMや、様々なMVをアニメーションで制作。イラストレーターとして雑誌や広告を手掛けるほか、アパレル、内装アートワーク、展覧会の開催など、手描きのイラストを生かした活動を展開。

CM - 東京メトロ (©Tokyo Metro, 2016)

CM - Space Shower TV Spot (©Space Shower TV)

135

CREATOR 100

TEL/ +81(0)90 3770 9009
E-MAIL/ onionskingroup@gmail.com
URL/ weareonionskin.tumblr.com

CATEGORY/ MV, CM, TV
TOOLS/ After Effects, Photoshop, Illustrator, Premiere, Lightroom, Dragonflame, CLIP STUDIO PAINT

061/100   ONIONSKIN

MV - Vampillia feat Jun Togawa「lilac」(©Virgin Babylon Records, 2015)
Director: ONIONSKIN

MV - Kidori Kidori「なんだかもう」(©HIP LAND MUSIC, 2015)
Director: ONIONSKIN

2011年、東京藝術大学映像研究科在学の田村聡和と菅谷愛により結成。ドローイング、ストップモーション、モーショングラフィックスといったアニメーション手法から、ゾートロープ、スキャニメーションといった古典的な映像表現を取り入れ、横断的に制作を行っている。MVを中心とした活動の他にもNHK Eテレ「ミミクリーズ」内のコーナー、インターミッションなどを番組開始より担当。

MV - SuiseiNoboAz「adbird」(©Cutting edge, 2012)
Director: ONIONSKIN

MV - Predawn「Universal Mind」(©HIP LAND MUSIC, 2016)
Director: ONIONSKIN

CREATOR 100

BELONG TO/ ODDJOB Inc.
E-MAIL/ onnacodomo@gmail.com
URL/ www.onnacodomo.com
CATEGORY/ VJ, MV, Short Movie
TOOLS/ Handycam, Roland V4EX

062/100 onnacodomo

MV - Happy Dog House「don't give me grapes」(2016)
Director: onnacodomo

MV - COMPUMA feat. 竹久圏「SOMETHING IN THE AIR」(2015)
Director: onnacodomo

2004年結成。ミュージシャンDJ Codomo、アニメーション作家せきやすこ、イラストレーター野口路加の3人によるVJユニット。ビデオカメラ2台、ビデオミキサー、水、レンズ、印刷物など、日常にある様々なものを用いたライブVJをメインに活動中。さらにその仕組みを利用したMVの制作なども手掛け、近年では香港やシドニーなど、海外での活動も展開している。

MV - IS AND ISM「SOMA」(2016)
Director: onnacodomo

MV - LISA「avex nico presents KID'S SONGS vol.1」(2016)
Director: onnacodomo

CREATOR 100

BELONG TO/ UZURA.inc
E-MAIL/ info@uzura.ne.jp
URL/ uzura.ne.jp

CATEGORY/ MV, CM, Event, Animation, Broadcast Design, Graphics, etc.
TOOLS/ After Effects, Premiere, CINEMA 4D, Illustrator, Photoshop

063/100   小野哲司   Tetsuji Ono

Event - 「GirlsAward 2016 SPRING/SUMMER by マイナビ」(©GirlsAward Inc, 2016)
Director: 小野哲司, Illustrator: 長場雄

Event - 「CODE AWARD 2016」(©D2C Inc, 2016)
Director: 小野哲司

140

1980年生まれ。京都精華大学デザイン学科卒業。デザイン制作会社にてアートディレクターとして、パンフレット・ポスターなどのグラフィックデザイン、Web・Flashサイトのデザインや構築、動画制作など様々な案件に携わる。2014年より独立しフリーランスとして活動。2016年株式会社UZURAを設立。現在はグラフィックデザイン・モーショングラフィックスを中心に活動中。

TV - BSフジ「MDNA presents ANSWERS」(©BS FUJI Inc., 2016)
Director: 小野哲司

Short Movie -「こんにゃくとうふ」(©はらぺこめがね, 2015)
Director: 小野哲司, Illustration: はらぺこめがね

CREATOR 100	E-MAIL/ ootsuki@0m2.jp URL/ www.0m2.jp	CATEGORY/ MV, CM, Short Movie TOOLS/ After Effects, Premiere

064/100　　大月壮　　Sou Ootsuki

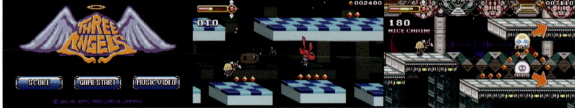

Game Application - YUKI「スリーエンジェルス」(©EPIC RECORDS JAPAN, 2016)

ID - SPACE SHOWER TV × Sasquatchfabrix「抗う」(©SPACE SHOWER TV, 2017)

1977年神奈川県生まれ。東洋美術学校卒業。クリエイター／映像ディレクター。MV、Web、広告などのクライアントワークを手掛ける。様々なカルチャー、テクノロジーとの関わりを通じて得た感覚を独創的に映像へとアウトプットする。オリジナル作品としてはニコニコ動画から始まり文化庁メディア芸術祭入選まで果たした「アホな走り集」が有名。

MV - Charisma.com「サブリミナル・ダイエット」(©Warner Music Japan, 2016)

MV - AKLO「McLaren」(©TOY'S FACTORY, 2016)

CREATOR 100

E-MAIL/ airr2501@gmail.com
URL/ www.rapparu.org

CATEGORY/ MV, CM, Short Movie
TOOLS/ Animate, Flash, After Effects, CLIP STUDIO PAINT

065/100　　らっパル　　rapparu

MV - GRADES「King」(©GRADES, 2015)

Stage Art - 正しい数の数え方「ランフォリンクス」(©Out One Disc, 2015)

1993年新潟生まれ、小金井市在住。小・中・高にかけてGIFアニメ、自主制作アニメーションをインターネット上で公開する。高校卒業とともに上京し、フリーランスで商業アニメーションやMVの原画制作などを手掛ける。爆発表現や水しぶきといったエフェクトの作画に定評がある。ライブ映像や番組OP、ジングルなどのディレクションも行う。

MV - THE BREAKAWAYS「GIRL ELECTRIC」(©A-Sketch, 2016)

CM - TOYOTA ESTIMA Webムービー「フラットウッズモンスター」(©TOYOTA, 2016)

CREATOR 100 E-MAIL/ web02@saigono.info CATEGORY/ MV, Short Movie, Web CM, Graphic Design
URL/ www.saigono.info
TOOLS/ Premiere, Photoshop

066/100   最後の手段   SAIGO NO SHUDAN

Live Visual - でんぱ組.inc「GO GO DEMPA TOUR 2016」(©DEARSTAGE, 2016) DIrector: Takumi Shiga

Short Movie -「アナグラ温泉 夢の宿」(©SAIGO NO SHUDAN, 2016)

Web CM - サントリー「ALLFREE」(©SUNTORY, 2016)

2009年に結成。有坂亜由夢、おいたま、コハタレンの3人組。太古から現在未来を全方向に行き来する作品を制作。映像だけでなく、デザイン、イラスト、漫画、陶芸にまで着手。2013年やけのはら「RELAXIN'」MVが文化庁メディア芸術祭にてエンターテインメント部門新人賞受賞。

TV Short Movie - NHK Eテレ シャキーン！「クイズ ふってきたぞ」(©NHK, 2016)

Web Movie - TOYOTA DREAM CAR 2016 (©TOYOTA, 2016)

MV - 山本精一「catalyst」(©DONBURI DISK, 2015)

CREATOR 100

TEL/ +81(0)90 8388 5936
E-MAIL/ info@shotasakamoto.com
URL/ www.shotasakamoto.com

CATEGORY/ MV, CM, Short Movie
TOOLS/ After Effects, Premiere, CINEMA 4D, Maya, Motion Builder

067/100　坂本渉太　Shota Sakamoto

MV - チームしゃちほこ「天才バカボン」（©ワーナーミュージック・ジャパン, 2015）
Director: 坂本渉太

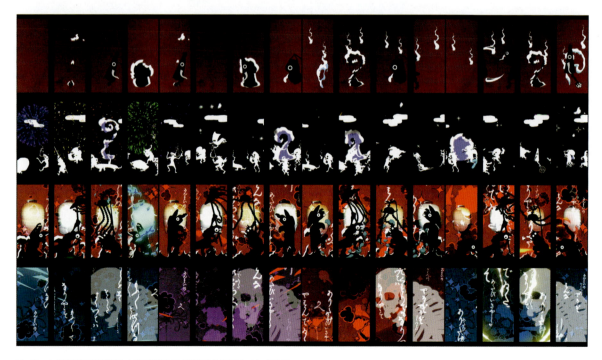

Live Visual - 椎名林檎と彼奴等がゆく 百鬼夜行 2015 御祭騒ぎ ライブ用ムービー（2015）
Director: 坂本渉太

同志社大学商学部卒業後、フリーランスとして、MV、アニメーションを中心にイラスト・漫画・音楽制作など多岐にわたって活動している。受賞歴にSPACE SHOWER MUSIC VIDEO AWARDS 2010、2013ノミネート、ロサンゼルス映画祭ミュージックビデオ部門正式招待、onedotzero2011 J-star'11などがある。

CM - チュッパチャプス「カラフルパンダ 地下鉄」篇 (©チュッパチャプス, 2016)
Director: 鎌谷聡次郎, CG Creator: 坂本渉太

MV - スチャダラパー「レッツロックオン」(©スペースシャワーネットワーク, 2016)
Director: 坂本渉太

CREATOR 100

TEL/ +81(0)80 5345 7645
E-MAIL/ sanukinaoya@gmail.com
URL/ sanukinaoya.com

CATEGORY/ Animation, Illustration, Comic
TOOLS/ After Effects, Photoshop, Illustrator

068/100　　サヌキナオヤ　　Naoya Sanuki

MV - シャムキャッツ「洗濯物をとりこまなくちゃ」(©TETRA RECORDS, 2016)
Director : WHOPPERS(サヌキナオヤ+ずっく)

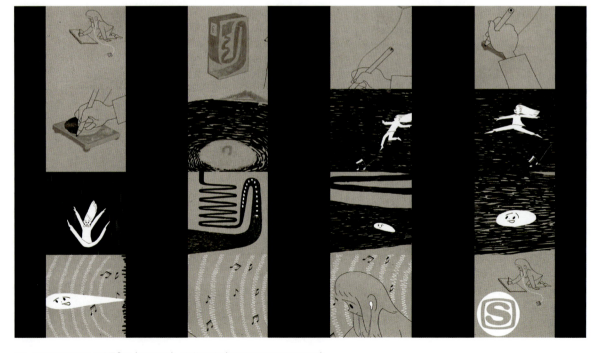

CM - スペシャ Instagram ID 企画「1:1 (one by one)」"西村ツチカ" (©SPACE SHOWER TV, 2016)
Illustration: 西村ツチカ, Animation: サヌキナオヤ, スズキハルカ

1983年京都市生まれ。イラストレーター／漫画家／アニメーター。音楽、書籍、雑誌のイラストや、漫画執筆、アニメーションなど。MUSIC ILLUSTRATION AWARDS 2015 にて、BEST MUSIC ILLUSTRATOR 2015受賞。近年の仕事としては、チャールズ・ブコウスキー著作の装画などがある。

CM - Yamaha Music Audition（©Yamaha Music Publishing,Inc., 2016）
Director: ヤッホー・シリアス（森敬太＋サヌキナオヤ）

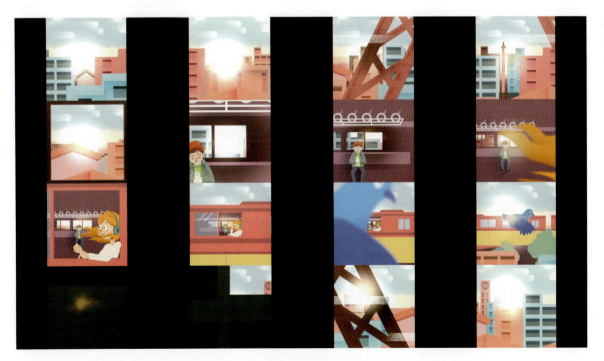

CM - スペシャ Instagram ID 企画「1:1（one by one）」"サヌキナオヤ"（©SPACE SHOWER TV, 2015）

CREATOR 100

BELONG TO/ TOKYO: GLASSLOFT inc.,
International: Stink
TEL/ +81 (0) 3 5773 1718 (GLASSLOFT)
E-MAIL/ mail@kosai.info, kosai@glassloft.jp
URL/ www.kosai.info, glassloft.jp

CATEGORY/ CM, MV, Short Films and Feature Films
TOOLS/ Final Cut, After Effects, Photoshop, Illustrator, AVID etc.

069/100　関根光才　Kosai Sekine

CM - TOYOTA「H.H.」篇 第3章（©TOYOTA MARKETING JAPAN CORPORATION., 2015）

MV - The fin「Through The Deep」(2015)

2005年、短編「RIGHT PLACE」にてデビュー後、Young Directors Awardグランプリを獲得。2014年にはCANNES LIONS Titanium部門でグランプリを含め多数の受賞。文化横断的な表現や実験的、映画的なアプローチを得意とする。現在フリーの映像ディレクターとして、国内ではGLASSLOFT、海外ではStinkなどがマネージメントを行い、CM・MV・映画などの演出を手掛けている。アクティビズムアート集団NOddIN（ノディン）にも参加。

CM - NRG Energy Master Brand「Power Behind The Plug」(2015)

MV - Young Juvenile Youth「Animation」(2015)

CREATOR 100

BELONG TO/ WOW inc.
TEL/ +81(0)3 5459 1100
E-MAIL/ shibata@w0w.co.jp
URL/ www.w0w.co.jp, www.daiheishibata.jp

CATEGORY/ CM, MV, PV, Installation, Exhibition
TOOLS/ CINEMA 4D, After Effects, Premiere

070/100 　　柴田大平　　Daihei Shibata

Installation - TAKAO 599 MUSEUM「Nature Wall」(©Hachioji City, 2015)
Creative Director+Art Director+Director: Daikoku Design Institute (Nippon Design Center, Inc.), Director: Daihei Shibata, Character Animation: Kazuhiro Hotchi, Producer, PM, CG Animation: WOW, Music: Umitaro Abe, Equipment System: PRISM, Photographer: Taiji Yamazaki

Digital Signage - TAKAO 599 MUSEUM「599 GUIDE」(©Hachioji City, 2015)
Creative Director+Art Director+Director: Daikoku Design Institute (Nippon Design Center, Inc.), Director: Daihei Shibata, Character Animation: Sayuri Asaoka, Producer, PM, CG Animation: WOW, Music: Keigo Oyamada (Cornelius), Sound Effect: Keiichi Yasuda (PACO), Equipment System: PRISM

1982年兵庫県生まれ。2007年よりWOW勤務。CM、MV、TV番組、展示映像、インスタレーションなどの企画・演出・制作に携わる。NHK Eテレ「デザインあ」の番組企画・制作への参加や、21_21 DESIGN SIGHTでの作品展示など、デザインとディレクションの間を行き交うような作品制作を得意とする。

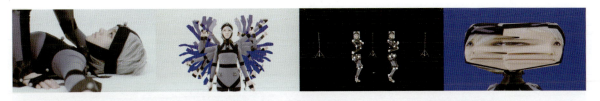

MV - FEMM「L.C.S.」(©avex, 2016) Director: Daihei Shibata, Director of Photography: Kei Fujita, Light: Cosilo Ueno, Sty: Shoko Sei, Hair Make: Toshiya Ota, Choreographer: HIDALI, Motion Capture: SPICE, Online Edit: Hiroyuki Sai (iemoto inc.), Production: WOW

ID - MTV GENELIC TITLES「HYPER FANTASTICS」(©MTV, 2015) Director: Daihei Shibata, Director of Photography: Daisuke Oki, Lighting: Takuma Saeki, Cast: Baek(horipro), Hair & Make: Fusae Tachibana, Music: Parkgolf, Production: WOW

PV - TOYOTA NEW GLOBAL ARCHITECTURE「TNGA これが未来の骨格だ。」(©TOYOTA, 2015) Creative Director+Art Director+Director: DENTSU inc., MOUNT inc., Director: Daihei Shibata, Animation, CG: WOW, OMNIBUS JAPAN Inc., REDOT, Yasuyuki Yoshida, Yohsuke Chiai, Music: evala(port), Production: WOW, GEEK PICTURES

Exhibition - 21_21 デザインの解剖展「搾乳の仕組み」(©WOW inc, 2016)
Designer: Daihei Shibata, Illustlation: 佐藤卓デザイン事務所, Subcontractor: Katoubokujyo, Ltd.

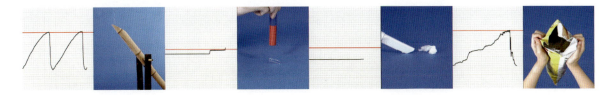

TV Program - デザインあ「ガマンぎりぎりライン」(©NHK, 2016)
Planner+Director: Daihei Shibata, Music: Keigo Oyamada (Cornelius)

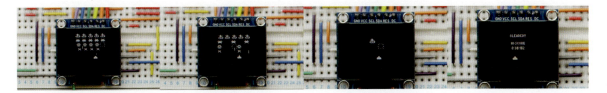

TVprogram – デザインあ クラッチ「インベーダーあ」(©NHK, 2016)
Planner+Director: Daihei Shibata, Music: Keigo Oyamada (Cornelius)

CREATOR 100

BELONG TO/ Caviar Limited
TEL/ +81(0)3 3779 6969
E-MAIL/ meetme@caviar.ws
URL/ www.caviar.ws

CATEGORY/ LightWave, After Effects, Premiere, Final Cut Pro
TOOLS/ CM, MV, Short Movie, Station ID, TV Opening

071/100　　志賀匠　　Takumi Shiga

CM - FRISK（©Perfetti Van Melle, 2016）

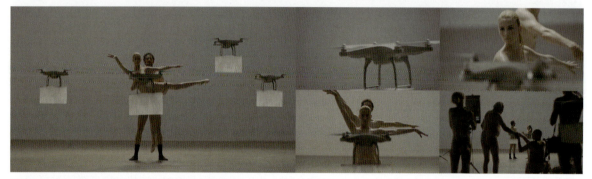
CM - BUYMA「A Kind Drone 〜親切なドローン〜」（©Enigmo Inc., 2016）

CM - Jean Paul GAULTIER for SEPT PREMIERES（©Seven & i Holdings Co., Ltd., 2016）

CM - LISABO, JOY OF DINING TABLE（©Inter IKEA Systems B.V., 2016）

CM - ORIHICA「サードスーツ 自由形エレベーター」篇（©ORIHICA, 2016）

CAVIAR 所属。1981 年生まれ。北海道富良野市出身。学生の頃より TV-CM、TV 番組オープニング、Station-ID、MV などを手掛け、現在は映像ディレクター／CG 作家として活動中。2015 年に演出した「QUIKSILVER TRUE WETSUITS」が、CANNES LIONS、New York ADC、One Show、London International Awards などで複数受賞。2016 年「BUYMA A Kind Drone ～親切なドローン～」では、CANNES LIONS シルバー賞を受賞。

MV - でんぱ組.inc「STAR☆ットしちゃうぜ春だしね」（©TOY'S FACTORY INC., 2016）

MV - でんぱ組.inc「WWDBEST」（©TOY'S FACTORY INC., 2016）

CREATOR 100	BELONG TO/ Qotori Film inc. TEL/ +81(0)3 4283 4275 E-MAIL/ info@qotori.com URL/ www.qotori.com	CATEGORY/ MV, CM, Short Movie, Web TOOLS/ After Effects, Premiere, Illustrator, Photoshop

072/100　島田大介　Daisuke Shimada

PV - ANNA SUI COSMETICS「MYSTERIOUS FAIRY TALE」(2016)
Planner: Chie Iga, Producer: Hiroto Kagami(Nice guy), Director+Photographer: Daisuke Shimada(Qotori film), Light: Koshiro Ueno, Prop design&Art Direction: Sayoko Yajima(KLOKA), Art: KLOKA+Chihiro Matsumoto(R.mond), Music: Babi Tachibana, Edit: Rachel Chie Miller(Qotori film)

MV - 林宥嘉 Yoga Lin「天真有邪 Spoiled Innocence」(2016)
Director+Photographer: Daisuke Shimada, Producer: Koji Takayama(Cray), Light: Yasuyuki Suzuki, Stylist(nana) :Koji Oyamada(The VOICE), Hair Make(nana) :Mariko Adachi, Art: Chihiro Matsumoto,Hair(Yoga) : Johnny, Make(Yoga) : Joey Wu, Stylist(Yoga) : Paul, T: Nana Komatsu, Production: Cray

コトリフィルム代表。Perfume、サカナクション、RADWIMPSなどのミュージッククリップ、ユニクロ、TOYOTA、PARCOなどのコマーシャルフィルム、ファッションブランドの映像演出、CDジャケットのアートディレクションなど活動は多岐にわたる。CANNES LIONSシルバー賞、LIA金賞、ADFEST銅賞受賞。2013年小松菜奈主演短編映画『ただいま。』初監督。2014年800万再生記録したSUNTORY C.C. Lemon「忍者女子高生」Webムービー制作。

Web Movie -「ESTNATION 16SS MOVIE」(2016)
Director+Photographer: Daisuke Shimada, Production: SIMONE INC.

MV - ヒトリエ「フユノ」(2016)
Director+Photographer: Daisuke Shimada, Assistant Director: Rachel Chie Miller (Qotori film inc.) , Producer: Takashi Sugai (cromanyon)
Edit: Asumi Ebina (Qotori film inc.) , Cast: Ririan Ono, Ines Yasuda (eva Management) , Hair Styling&Make Up：Yuko Aika
Styling: Koji Oyamada (The VOICE)

CREATOR 100

BELONG TO/ ROBOT
TEL/ +81(0)3 3760 1282
E-MAIL/ muka@robot.co.jp

CATEGORY/ CM, MV, Short Movie, Web, Scenario, Comic
TOOLS/ Adobe Creative Cloud

073/100　清水康彦　Yasuhiko Shimizu

DVD - 永野「Ω」(©ポニー・キャニオン, 2016)
Director: Yasuhiko Shimizu

Short Movie - 「手から光を出す魚屋さん」(永野「Ω」より) (©ポニー・キャニオン, 2016)
Director: Yasuhiko Shimizu

1981年福井県坂井市生まれ。2015年よりROBOTに所属。TV-CM、MV、ファッション映像、長編映画の脚本・監督を手掛けるなど、様々なジャンルで活躍。CMVA最優秀監督賞、Clio、ADC、Spikes Asia、CODE受賞。エジンバラ映画祭、文化庁メディア芸術祭、シネマバード出展。2014「スリーピース-とあるクソバンドが自然消滅するまで-」上映。2016 永野「Ω」上映。2017 金子ノブアキ「Captured」上映。

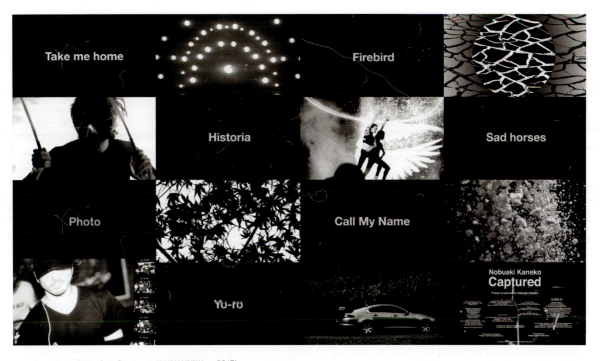

Music DVD 金子ノブアキ「Captured」(©PARABOX Inc., 2017)
Director: Yasuhiko Shimizu

Web Movie - 東京都オリンピック・パラリンピック準備局「Be The HERO」(©東京都, 2016)
Director: Yasuhiko Shimizu

CREATOR 100	BELONG TO/ NION / NOddIN / JKD collective	CATEGORY/ MV, CM, Film, Web
	E-MAIL/ sho@keep-it-real.jp	TOOLS/ After Effects, Premiere, Illustrator,
	URL/ www.keep-it-real.jp	Photoshop, CINEMA 4D, VDMX

074/100　ショウダユキヒロ　Yukihiro Shoda

Film - 「KAMUY」(©NION inc., 2016)

大阪市出身、東京／LA在住。京都工芸繊維大学造形工学科卒業。MV、CM、フィルム、ドキュメンタリー、アートなどジャンルに縛られず活動中。ポストプロダクションで技術職を学んだ後、2009年にディレクターに転向、独立。

TVC - 大河ドラマ「おんな城主 直虎」(©NHK, 2016)

App, Film - 「TAICO CAMERA」(©TAICOCLUB, 2015 / 2016)

CREATOR 100	BELONG TO/ TNYU inc. E-MAIL/ sone@tnyu.jp URL/ kokisone.com	CATEGORY/ PV, Short Movie, Animation, Interactive Art, Web, Game TOOLS/ 3ds Max, After Effects, openFrameworks

075/100　　曽根光揮　　Koki Sone

Interactive Art - 写場（©Koki Sone, 2014）

Animation - 7時間の使い方（©Koki Sone, 2015）

映像作家、CG・VFXディレクター。1990年生まれ。東京藝術大学大学院映像研究科修了。在学時より3DCGによる映像、インタラクティブアートなどを制作。2014年制作の「写場」が第18回文化庁メディア芸術祭審査員推薦作品に選出。現在、TNYU inc.に所属し映像のVFXからWebデザイン／エンジニアリングまで、媒体を問わない企画制作を手掛ける。近年の個人活動として、NHK Eテレ「テクネ 映像の教室」にて映像・ワークショップを担当。

Web Movie - OPEN STUDIO 2014（©Tokyo University of the Arts, 2014）

Web Movie + Web Design - 21st Campus Genius Award（©Computer Graphic Arts Society, 2015-2016）

CREATOR 100

BELONG TO/　TANGRAM co.ltd
TEL/　　　+81(0)3 5452 8822
E-MAIL/　　taji@tangram.to
URL/　　　www.taotajima.jp

CATEGORY/　MV, CM, Short Movie, Web
TOOLS/　　After Effects, Premiere, Illustrator,
　　　　　Photoshop, Softimage, Canon 5D

076/100　　　田島太雄　　　Tao Tajima

MV - Rayons ft. Predawn「Waxing Moon」(©flau, 2015) Director: Tao Tajima

MV - tofubeats「朝が来るまで終わる事の無いダンスを」(©Warner Music Japan Inc., 2015) Director: Tao Tajima

1980年東京生まれ。映像作家・ディレクター。クライアントワークの傍ら、個人作品「Night Stroll」を発表し国内外から高い評価を受ける。オリジナリティーの高いモーショングラフィックスとポエテックな映像表現で、共感を引き寄せる映像を作り出し続けている。

Movie - 「STRIPE INTERNATIONAL INC.」(©STRIPE INTERNATIONAL INC., 2016) Director: Tao Tajima

Short Film - 「Itsuka no Hoshi」(©Canon Inc., 2016) Director: Tao Tajima

CREATOR 100

BELONG TO/ EPOCH Inc.
E-MAIL/ chickling@epoch-inc.jp
URL/ epoch-inc.jp/member/ryo_takebayashi/

CATEGORY/ CM, Web CM, Short Film
TOOLS/ Premiere, Final Cut Pro

077/100　　竹林亮　　Ryo Takebayashi

CM - 代々木ゼミナール「勝つ受験」(©学校法人高宮学園 代々木ゼミナール, 2014)
Agency: 電通, Production: HAT Inc., Producer: 渡邊信勝 (HAT), Director: 竹林亮, Cinematographer: 近藤哲也, Music: 北田大

CM - レノアハピネス「母からの贈り物」(©P&G, 2016) Agency: 電通関西, Production: タンデム, Producer: 四方結花, 林孝臣, Production Manager: 海老根裕, Director: 竹林亮 (EPOCH), Cinematographer: 菅裕輔, Lighting Director: 溝口智, Art: 堀江あすか, Hair&Make-Up: mayu, Stylist: 飯間千裕, Coordinator (海外): 富樫一紀, Coordinator (国内): 國ヒロ, Casting: 小寺泰史, Music: 片倉悴, Editor: 毛利陽平, 稲葉成人, Colorist: 大角綾子

2008年、慶應義塾大学環境情報学部卒業。学生時代を通して短編映画を制作し、卒業制作がショートショートフィルムフェスティバルジャパン部門入選。大学卒業後よりHATに入社し、CMを軸とした映像表現に注力。2015年、BREAKER inc.にてYouTube上でのオリジナルコンテンツ制作を経て、2016年よりフリーランス。"絆"や"家族"などの普遍的なテーマにおいて、インサイトをつくストーリー性のある映像表現を得意とする。

CM JICA「CREATIVITY IN MOTION ETHIOPIA」(2015) Production: 東北新社, Producer: 上家浩司, 仲森由佳 (東北新社), Production Manager: 稲田史也 (東北新社), Creative Coordinator: 望月亜美 (東北新社), Director: 竹林亮, Director of Photography: 近藤哲也, Photographer: 和田浩, Stylist: 飯間千裕 (Revlon), CG: 中山真吾 (Lili/EPOCH), Animation: Drop, Music: 片倉惇, SE: 高橋直樹 (Soundroid), Colorist: 大角綾子, Offline: 奥山奈緒美 (Digital Garden), 竹林亮, Online: 稲葉成人 (Junsep), MA: 橋本裕子 (Digital Garden)

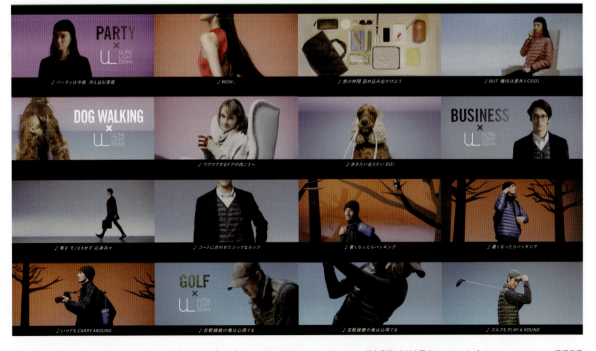

CM - UNIQLO「ウルトラつかえる、ウルトラライトダウン。」(2016) Production: TYOモンスター, Producer: 羽鳥貴晴, 中村圭吾 (TYOモンスター), Production Manager: 渡辺麻子 (TYOモンスター), Director: 竹林亮 (EPOCH), Cinematographer: 菅祐輔, Lighting Director: 戸田将弘, Art: 松本千広 (R.mond), Hair&Make-Up: 根本亜沙美, Stylist: 杉本学子 (WHITNEY), CG: 黒川徳明 (Lili/EPOCH), Music: 戸波和義 (YUGE), Colorist: 大角綾子 (GUILD), Offline: 西島明宏, Online: 遠藤俊介 (OMNIBUS JAPAN)

CREATOR 100

BELONG TO/　kirameki inc.
TEL/　+81(0)3 5447 7227
E-MAIL/　kirameki@kirameki.cc
URL/　www.kirameki.cc, komakomatai.com

CATEGORY/　CM, Web, MV
TOOLS/　Dragonframe, After Effects, Photoshop

078/100　　竹内泰人　　Taijin Takeuchi

Web Movie - IKEA「10年、ありがとう。家でのワクワクを、2017も。」(©IKEA, 2017)
Director: 竹内泰人

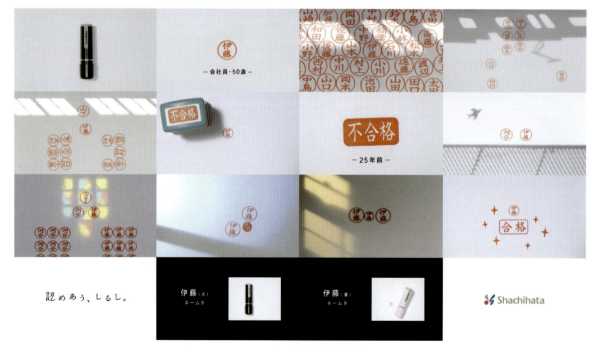

Web Movie - シャチハタ「Xstamper 50th スペシャルムービー」(©Shachihata, 2015)
Director: 竹内泰人

1984年愛知県生まれ。学生時代に制作した自主制作「オオカミとブタ」が、YouTubeの10日間の再生回数100万回を突破し、世界中で話題になる。その後、CMをはじめとした多数の広告映像を手掛け、日本を代表するコマドリスト(コマ撮り作家)として活躍中。シャチハタ「Xstamper 50thスペシャルムービー」はADFEST 2016ブロンズ賞、ACC 2016ブロンズ賞など多数の賞を受賞。

Short Movie - カモ井加工紙「黄色いネコと不思議なカバン」(©カモ井加工紙, 2013)
Director: 竹内泰人

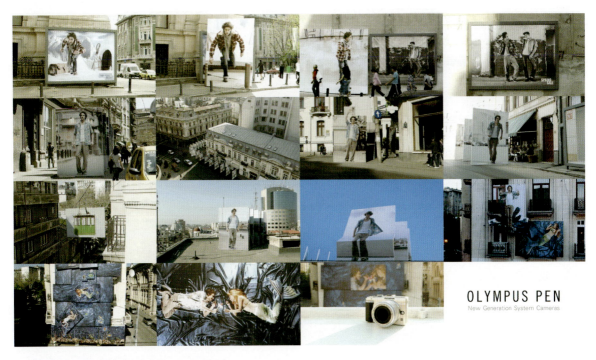

Web Movie - Olympus PEN「Giant」(©Olympus PEN, 2010)
Director: 竹内泰人 & Peter Göltenboth

CREATOR 100	TEL／ +81(0)90 6171 9174 E-MAIL／ hanageboingo@gmail.com URL／ shintarotamada.main.jp	CATEGORY／ MV, CM, Short Movie TOOLS／ After Effect, Premiere, Photoshop, Illustrator, CINEMA 4D

079/100　　　玉田伸太郎　　　Shintaro Tamada

CM - MUJI 無印良品：スキンケア「エイジングケアシリーズ」(Copyright ©Ryohin Keikaku Co., Ltd., 2016)
Producer: 江口宏志, Art Director: 山野英之(TAKAIYAMA.inc) , Camera: 神藤剛, Editor: 玉田伸太郎, Music: 寺尾紗穂

CM -「2016.12.30温泉＠蒲田温泉」(2016)
Director: 玉田伸太郎

172

シャムキャッツ、Gellersをはじめ、寺尾紗穂、落日飛車（台湾）、など、国内外のMVのディレクション、テンテンコ、TADZIO、各種イベントのVJや、野外フェス、森道市場のアフタームービーを担当。総務省が開設した、全国移住ナビのプロモーション動画を青森県の弘前市と制作。無印良品、ユニ・チャームなどの企業CMも制作する映像作家。

MV - 寺尾紗穂「楕円の夢」(Copyright © 2017 P-VINE, Inc. All right reserved., 2015)
Director: 玉田伸太郎, Camera: 植本一子

MV - GELLERS「Cumparsita」(Copyright ©Summer Of Fan, 2014)
Director: 玉田伸太郎

| CREATOR 100 | BELONG TO/ KLAXX DESIGN | CATEGORY/ MV, CM |
| | E-MAIL/ tamwet@gmail.com | TOOLS/ After Effects, Premiere, Photoshop, Illustrator, CINEMA 4D |

080/100　　　田向潤　　　Jun Tamukai

Web Movie-「Eight」(©Sansan, Inc., 2016)

MV - SEKAI NO OWARI「ANTI-HERO」(©TOY'S FACTORY Inc., 2015)

映像ディレクター／グラフィックデザイナー。1980年生まれ。多摩美術大学グラフィックデザイン学科を卒業後、広告制作会社に入社しグラフィックデザイナーとして2年間在籍。その後CAVIARに移籍し、映像ディレクターユニットtamdemとしてMVやCMをディレクション。2011年8月よりフリーランスとして活動。

CM - ヤフオク！「人気ブランド劇的おトク」(©Yahoo Japan Corp., 2015)

CM - Soft Bank「ある日Pepperに」(©SoftBank Corp., 2016)

CREATOR 100

BELONG TO/ BBmedia Inc.
TEL/ +81(0)3 6712 5011
E-MAIL/ tanaka-koudai@hotmail.co.jp
k_tanaka@bbmedia.co.jp
URL/ tanakakodai.com, www.bbmedia.co.jp

CATEGORY/ Web Movie, MV, CM, Animation, Installation, Interactive
TOOLS/ After Effects, Premiere, Photoshop, Illustrator

081/100　　田中宏大　　Kodai Tanaka

MV - 堂珍嘉邦「How I love you so」× WHITE KITTE (©KITTE, 2016)
Director: 田中宏大

Web Movie - 資生堂「Share Beauty」(©SHISEIDO, 2016)
Director: 田中宏大

1985年生まれ。東京工芸大学卒業。ビービーメディア所属。在学中、自主アニメーションを制作。インタラクティブデザイナーを経て、現在ディレクターとして活動。アニメーションを使った映像演出をはじめ、映像とテクノロジーを組み合わせた体験的な表現にも取り組んでいる。ADFEST・New York Festivalsで受賞、ヤングカンヌ日本代表選出。自主作品としてShing02「PETALS OF FIRE」、瞬きで映像が変化するインタラクティブMV TsuzukiTakashi「RED PILL」を発表。

Web Movie - MAJOLICA MAJORCA｜驚きいっぱいの動画「Fantastic Fantasy」(©SHISEIDO, 2013)
Director: 田中宏大

Web Movie - Canon iVIS mini X「トクマルシューゴ SPECIAL MOVIE」(©キヤノンマーケティングジャパン, 2015)
Director: 田中宏大

CREATOR 100

BELONG TO/ Caviar Limited
TEL/ +81 (0) 3 3779 6969
E-MAIL/ meetme@caviar.ws
URL/ www.caviar.ws

CATEGORY/ TV-CM, MV, Film, Short Film, Web Movie
TOOLS/ After Effects, Premiere, Illustrator, Photoshop

082/100　田中裕介　Yusuke Tanaka

MV - サカナクション「多分、風。」(©NF Records, 2016)

MV - Perfume「FLASH」(©UNIVERSAL MUSIC LLC., 2016)

映像ディレクター。1978年生れ、CAVIAR所属。秀逸なデザインセンスと映像制作のスキルに遊び心を加味した独創性を武器に、多くの話題作を手掛け、CMやMVの映像演出を基軸に、グラフィックデザイン、アートディレクション、舞台演出など、その活動の幅は多岐にわたる。

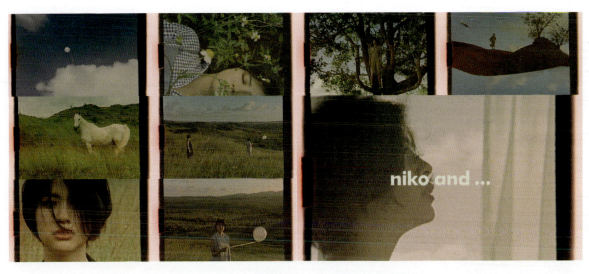

Web - Niko and… 2016 SPRING&SUMMER「であうにあう」(©Adastria Co., Ltd.)

MV - きゃりーぱみゅぱみゅ「Crazy Party Night 〜ぱんぷきんの逆襲〜」(©Warner Music Japan Inc., 2015)

MV - サカナクション「新宝島」(©NF Records, 2015)

CREATOR 100

BELONG TO/ Abc Production
TEL/ +81(0)3-5809-0423
E-MAIL/ hello@tangefilms.jp
URL/ www.tangefilms.jp

CATEGORY/ Animation, MV, CM, Short Movie, Graphics, Illustration
TOOLS/ After Effects, Softimage, Final Cut Pro, Photoshop, Illustrator

083/100　タンゲフィルムズ　TANGE FILMS

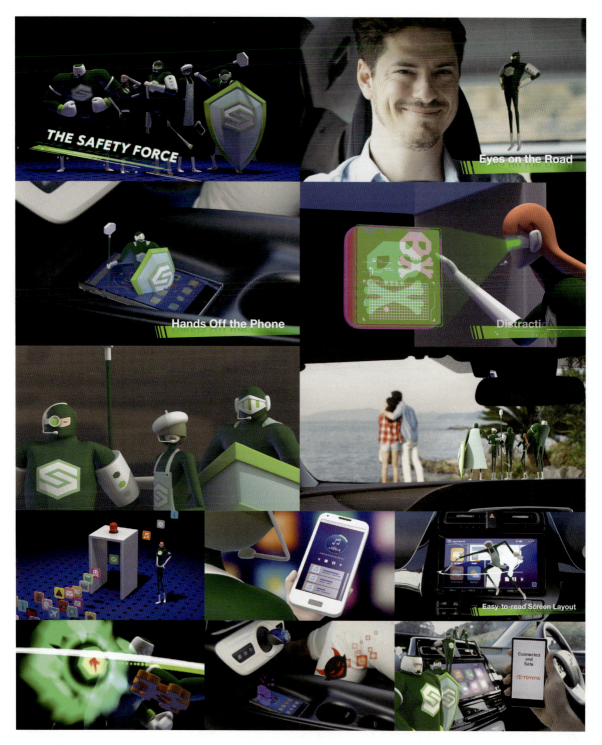

PV - TOYOTA「スマートデバイスリンク」(©Toyota Motor Corporation., 2016)
Client: TOYOTA, Animation Director+Animation: TANGE FILMS

マンガ・音楽・ファッション・グラフィックデザイン・アートなどの様々なエレメンツとアニメーションをグローバルミックスし、スタイリッシュなビジュアルインパクトを創造する。アニメーションの概念を主軸に「快感」と「余韻」を与えるビジュアルを世界に向けて発信し続けている。
one smile world peace.

PV　MIDLAND SQUARE CINEMA（©Nakanihon kogyo Co.Ltd., 2015）
Client: 中日本興業株式会社, Animation Director+Animation: TANGE FILMS

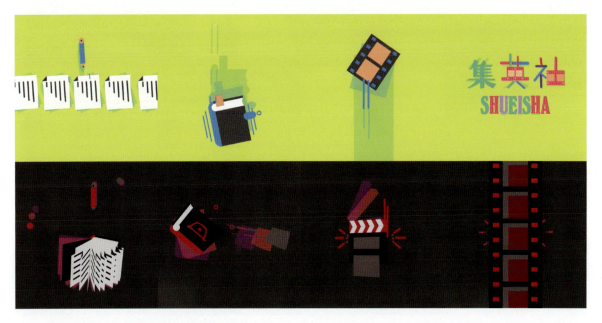

Moving Logo -「集英社 ムービングロゴ」（©SHUEISHA Inc., 2016）
Client: 集英社, Animation+Graphic: TANGE FILMS

CREATOR 100

E-MAIL／ hiko0707@gmail.com
URL／ okikata.org
CATEGORY／ installation, MV, Sculpture, Net Art, Live Performance
TOOLS／ iMovie, openFrameworks, Processing

084/100　　谷口暁彦　　　Akihiko Taniguchi

MV - Cumhur Jay「On & On」(HIGH:Controla / Subterfuge Records, 2016)
Director: Akihiko Taniguchi

Web Browser -「The Big Browser 3D」(2016)

メディアアート、ネットアート、映像、彫刻など、様々な形態で作品を発表している他、渡邉朋也とともに、メディアアートにまつわるエフェメラルでアンフォルメルなコミュニティ、思い出横丁情報科学芸術アカデミーの一員としても活動。主な展覧会に「[インターネット アート これから]」(NTT ICC／2012)「思い過ごすものたち」(飯田橋文明／2013)「オープン・スペース 2014」(NTT ICC／2014) など。

Installation -「私のようなもの／見ることについて」(2016)

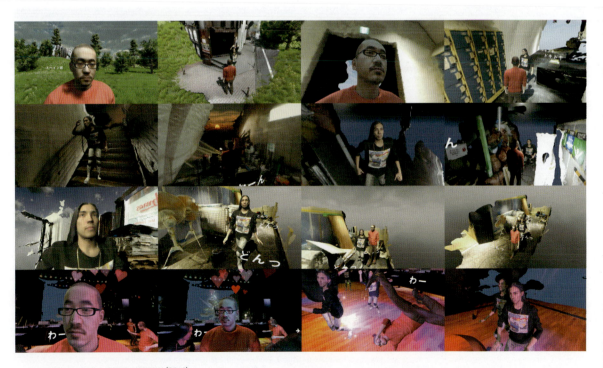

Short Movie - Seiho × BRDG × WWW X (2016)
Production: BRDG, Director : Akihiko Taniguchi, Producer : Yasushi Fukuzawa, Takumi Kushida

CREATOR 100

BELONG TO/ EPOCH Inc.
E-MAIL/ taniyama.tsuyoshi@gmail.com
URL/ epoch-inc.jp/member/tsuyoshi_taniyama/

CATEGORY/ TV-CM, Web CM, MV
TOOLS/ After Effects, Premiere, Final Cut, Illustrator, Photoshop

085/100　　谷山剛　　Tsuyoshi Taniyama

MV - 夜の本気ダンス「Without you」(©株式会社JVCケンウッド・ビクターエンターテイメント, 2016) Producer: 脇田政法(東京No.1), Director: 谷山剛(EPOCH), Production Manager: 鶴田絵美・村井佑衣・中川愛美(東京No.1), Director of Photographer: 福留章介, Lighting Director: 海道元(OFFICE DOING), Art: 宮崎ノ(らから美術), Main Cast: 吉田直輝(マイカンパニー), Choreographer: ホナガヨウコ, Special Effect&Specoal Equipment: 有限会社フラット

CM - クリスタル オブ リユニオン「クリユニ×IKZO激闘」篇(©Gumi, 2016)
Client: 株式会社gumi, Agency: Ryu's Office, Production: Ginger, Planner: 浅野宗親(Ryu's Office), Producer: 原浩太郎(Ginger), Director: 谷山 剛(EPOCH / IKIOI), Cinematographer: 越後祐太, Lighting Director: 上野甲子朗, Stylist: 臼井崇, Hair: KENJI IDE Props: 浅田崇, CG&Animation: 白組, MA: 小林丈泰

1987年生まれ。映像制作会社に勤務後、2013年に独立。2014年にクリエイティブチーム「IKIOI」参加。映像ディレクターとしてTV-CM・Web CMを中心に活動しつつ、CMプランナー・グラフィックデザイナーとしても活動。

Web - dTV ガールズch「CONCEPT MOVIE」(©NTT DOCOMO, 2016)
Client: エイベックス・デジタル株式会社, Production: EPOCH Inc., Director: 谷山剛 (EPOCH / IKIOI), Producer: 荒井和也 (EPOCH), Production Manager: 興谷建太 (EPOCH), Cinematographer: 品川光司, Lighting Director: 田島慎, Art Director: 鈴木千佳子, Stylist: 臼井崇, Hair&Make: Tazaki Haruka, Sound Design: tessei tojo, Cast: 篠崎彩

Web - paymo「paymo Table Trick」(©AnyPay, 2017) Client: Any Pay.Inc, Agency: PARTY, Production: GEEK PICTURES, Executive Creative Director: 中村洋基 (PARTY), Creative Director: 髙宮範有 (PARTY), Planner: 眞鍋海里 (BBDO J WEST), Agency Producer: 田中潤 (PARTY), Project Manager: 山中啓司 (PARTY), Producer: 佐藤正人 (GEEK PICTURES), Producer: 小林勇介 (GEEK PICTURES), Production Manager: 岸本綾介 (GEEK PICTURES), Director: 谷山剛 (EPOCH), Assistant Director: 川松尚良, DOP: 伊藤仁, Gaffer: 菊池直輔, Art: 宮守由衣, Movi Operator: 中村雄太, Grip: 結城拓真 (Fine FILMS), Stylist: 臼井崇 (THYMON), Hair Make: 要海奈々, Colorist: 今西正樹 (OMNIBUS JAPAN), Online Editor: 三浦雄大 (OMNIBUS JAPAN), Mixer: 三浦和之 (OMNIBUS JAPAN), Sound Design: 德永義明 (ONPa), Cast: 川口カノン

CREATOR 100

BELONG TO/ A4A Inc.
TEL/ +81(0)3 3770 1777
E-MAIL/ toshi@a4a.jp
URL/ a4a.jp

CATEGORY/ Space and Live Production, MV, Instaration, Advertisement, CM, Web
TOOLS/ Premiere Pro, Final Cut Pro, After Effects, Photoshop, Illustrator, CINEMA 4D, Maya, openFrameworks

086/100　　東市篤憲　　Atsunori Toshi

MV - BUMP OF CHICKEN「Butterfly」(©TOY'S FACTORY, 2016) Director: Atsunori Toshi

A4A Inc.代表。演出家、プロデューサー、映像監督。2016年、SPACE SHOWER MUSIC AWARDSで「BEST VIDEO DIRECTOR」を受賞。BUMP OF CHICKEN STADIUM TOUR 2016「BFLY」ではクリエイティブディレクターをはじめ、アルバムジャケットやロゴデザイン・MV・ライブ演出など、すべてを包括したクリエイティブに携わる。ルイヴィトン、ドン・ペリニヨンの空間演出など、既存のジャンルにとらわれない革新的な作品を数々手掛けている。

Live Production - BUMP OF CHICKEN「BUMP OF CHICKEN STADIUM TOUR 2016 "BFLY"」(©TOY'S FACTORY, 2016)
Creative Director+Stage Set Planning+Stage Visual Director: Atsunori Toshi

MV - BUMP OF CHICKEN「GO」(©TOY'S FACTORY, 2016) Director: Atsunori Toshi

MV - 中田ヤスタカ「NANIMONO (feat. 米津玄師)」(©WARNER MUSIC JAPAN INC., 2016) Director: Atsunori Toshi

MV - Awesome City Club「今夜だけ間違いじゃないことにしてあげる」(©JVCKENWOOD Victor Entertainment Corp., 2017) Director: Atsunori Toshi

CREATOR 100

BELONG TO/ P.I.C.S.management
TEL/ +81(0)3 3791 8855
E-MAIL/ post@pics.tokyo, info@takafumitsuchiya.com
URL/ www.takafumitsuchiya.com, www.pics.tokyo

CATEGORY/ MV, CM, Web, Animation, Short Movie, Art, VJ
TOOLS/ After Effects, Premiere

087/100　　土屋貴史　　Takafumi Tsuchiya (TAKCOM)

Event, Digital Signage, Web - Amazon Fashion 01 Manifest Movie（©Amazon.com, Inc. or its affiliates, 2016) Director: TAKCOM, A&P: McCann Erickson+TYO drive

CM - 資生堂 HAKU メラノフォーカス3D「肌と宇宙」篇（©SHISEIDO, 2016) Director: TAKCOM, A&P: 資生堂宣伝・デザイン部＋ビービーメディア

Original - Noah「flaw」(©2015 flau・TAKCOM・P.I.C.S.・McRAY, 2015) Director+Art Director: TAKCOM

映像ディレクター、アートディレクター。数十ヶ国のアートフェスティバルやギャラリーへの参加／作品招待などを通じて、国内外から高い評価を得る。活動媒体は幅広く、アウトプットのフォーマットも含めて新しい表現を探求している。特に高精細な画作りには定評がある。2013年「森ビル 六本木ヒルズ –TOKYO CITY SYMPHONY」（映像演出担当）CANNES LIONS Cyber部門シルバー受賞、ADFEST PROMO LOTUS ゴールド賞、D&AD AWARD Yellow Pencil受賞。

[Right] VR - Björk「Quicksand」(2016) Client: one little indian Ltd /wellhart Ltd, Director: TAKCOM, A&P: Dentsu Lab Tokyo+P.I.C.S.
[Left] Event/360°real time live streaming-「Making of Björk Digital」(2016) Director: TAKCOM, A&P: Dentsu Lab Tokyo+miraikan+Rhizomatiks Research+P.I.C.S.

Installation - 三菱電機イベントスクエア METoA Ginza [METoA VISION] 映像「ancestor」(©MITSUBISHI ELECTRIC, 2016) Director: TAKCOM, Production: P.I.C.S.

CM- 佐藤製薬 ストナ「カゼ vs ストナ2016」(2016) Director: TAKCOM, A&P: ADK+パラダイス・カフェ

CM- 佐藤製薬 ストナ「風邪 vs ストナ」(2015) Director: TAKCOM, A&P: ADK+パラダイス・カフェ

Promotion Movie - NHK リオデジャネイロパラリンピック「限界を、更新せよ。」(© NHK, 2016) Client & Lead Creative Direction: NHK, Director: TAKCOM, Production: P.I.C.S.

CREATOR 100 BELONG TO/ GLASSLOFT inc. CATEGORY/ CM, MV, Short Movie, Web Movie
TEL/ +81(0)3 5773 1718
E-MAIL/ tsujikawa@glassloft.jp
URL/ www.tsujikawakoichiro.com, glassloft.jp

088/100　辻川幸一郎　Koichiro Tsujikawa

MV - 攻殻機動隊ARISE border:1 Ghost Pain EDテーマ salyu×salyu「じぶんがいない」(©FlyingDog, 2013)

MV - 攻殻機動隊ARISE border:2 Ghost Whispers EDテーマ 青葉市子 コーネリアス「外は戦場だよ」(©FlyingDog, 2013)

MV - 攻殻機動隊ARISE border:3 Ghost Tears EDテーマ ショーン レノン　コーネリアス「Heart Grenade」(©FlyingDog, 2014)

MV - 攻殻機動隊ARISE border:4 Ghost Stands Alone EDテーマ 高橋幸宏 & METAFIVE (小山田圭吾×砂原良徳×TOWA TEI×ゴンドウトモヒコ×LEO今井)「split spirit」(©FlyingDog, 2014)

MV - 攻殻機動隊ARISE ALTERNATIVE ARCHITECTURE 主題歌 坂本真綾 コーネリアス「あなたを保つもの」(©FlyingDog, 2015)

フリーのグラフィックデザイナーとして活動を開始。友人のミュージシャンのMV制作を頼まれたことから、映像制作を始める。現在ではCM、MV、ショートフィルムなどの映像作品を中心に、Webやグラフィックの企画など様々なジャンルで国内外問わず制作中。これからも。

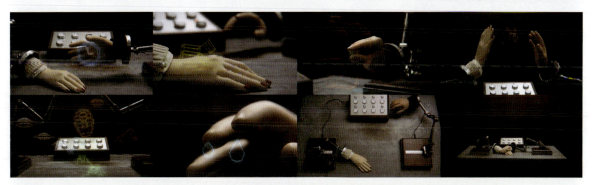

CREATOR 100

BELONG TO/ EPOCH Inc.
E-MAIL/ tune@d-apartment.net
URL/ epoch-inc.jp/member/tsunehashi,
www.d-apartment.net

CATEGORY/ CM, MV, Web Movie, Short Movie
TOOLS/ After Effects, Premire Pro, CINEMA 4D, Photoshop, Illustrator, Logic Pro

089/100　　常橋岳志　　Takeshi Tsunehashi

TV-CM - AWA Music「ANARCHY & DJ IZOH」篇 (2016)
Director: Takeshi Tsunehashi

TV-CM - Solaseed Air「メイク・ワンダー」(2016)
Director+CG: Takeshi Tsunehashi

1976年生まれ。東京造形大学デザイン学科卒業。卒業後、デザイン制作会社、広告代理店を経て、2007年独立。フリーランスのディレクター・デザイナーとして映像、Web、グラフィックデザイン、サウンドに関する企画・ディレクション・制作を行う。2015年よりEPOCH Inc.に所属。モーショングラフィックス、CGも得意とし、TV-CMやWebムービー、MVなどのディレクション・制作を行っている。

Web Movie - 氷結 あたらしくいこう / トレンディスタイル「YA・BA・I・DE・A・I」(2016)
Director: Takeshi Tsunehashi

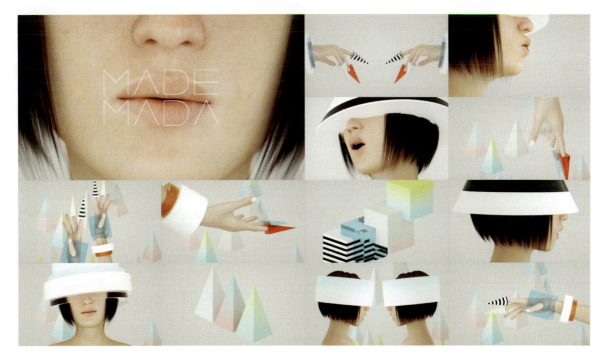

MV - FilFla「made-mada」(2016)
Director+CG: Takeshi Tsunehashi

CREATOR 100

BELONG TO/ 20TN!/NICE AIR PRODUCTION
TEL/ +81(0)90 7173 3810
E-MAIL/ ukisita20tn@gmail.com
URL/ 20tn.tumblr.com

CATEGORY/ MV, CM, Web
TOOLS/ Maya, NUKE, After Effects, Final Cut, Illustrator, Photoshop

090/100 浮舌大輔　Daisuke Ukisita

MV - CARRE, LFTM#2 (©MGMD A ORG., 2015)
Director: 浮舌大輔

Web - novo (©novo-clothing, 2016)
Director: 浮舌大輔

1981年静岡県生まれ。武蔵野美術大学油絵学科卒業。2011年友人らと共に「forestlimit」を設立。現在フリーランスのアートディレクターとして、MV、CMなどのアートディレクション・CG制作の他、映像技術を活かした企業展示会ブースのデザイン・設計なども手掛ける。

PV - FUJIMOUNT (©NAP, 2016)
Director: 浮舌大輔

MV - paradon't「chuwangk kyuh hay (thrd mpct)」(SEXES, 2017)
Director: 浮舌大輔

CREATOR 100

BELONG TO/ TANGRAM co.ltd
TEL/ +81(0)3 5452 8322
E-MAIL/ yabu@tangram.to
URL/ makotoyabuki.com

CATEGORY/ CM, MV, Web Movie, Short Movie, Exhibition Movie
TOOLS/ After Effects, Premiere, Illustrator, Photoshop

091/100　矢吹誠　Makoto Yabuki

CM -「SHISEIDO EverBloom」(©Shiseido Company, Limited, 2015)
Director: Makoto Yabuki

Concept Movie -「VELDT SERENDIPITY」(©VELDT inc., 2015)
Director: Makoto Yabuki

シンプル、ソリッド、ビューティーな表現を得意とする映像作家。サウンドとリンクした映像には定評があり美しいリズム感をもつ。1997年に活動を開始し、2003年独立、ビジュアルデザインスタジオ、タングラム設立。以後CM、MV、Web Movieなどの企画・演出を手掛ける。広告を中心に活動する中で積極的にオリジナルアート作品も数多く発表し、世界十数カ国の映像／アートフェスティバルに招待される。2013年よりドイツLovestone Filmともマネジメント契約。

CM - 「Ultra Light Down Uniqlo 2015 F/W」(©UNIQLO CO.,LTD, 2015)
Director: Makoto Yabuki

Exhibition Movie - 「Clé de Peau Beauté 2015 A/W」(©Clé de Peau Beauté, 2015)
Director: Makoto Yabuki

CREATOR 100

E-MAIL/ mail@kentoyamada.com
URL/ kentoyamada.com
CATEGORY/ MV, Short Movie
TOOLS/ After Effects, Premiere, VDMX5, Ableton Live

092/100　　山田健人　　Kento Yamada

MV - 宇多田ヒカル「忘却 featuring KOHH」(©UNIVERSAL MUSIC, 2017)
Director+Cinematographer: 山田健人

MV - 米津玄師「orion」(©Sony Music Records, 2017)
Director: 山田健人

1992生まれ。東京都出身。独学で映像を学び、現象学的な考え方を軸にした制作を行う。2015年よりフリーランスとして活動。yahyelのメンバーとしてVJも務める。通称dutch_tokyo。

MV - yahyel「Once」(©Beat Records, 2016)
Director+Cinematographer+Lighting Director+VFX & Color: 山田健人

MV - Suchmos「STAY TUNE」(©SPACE SHOWER MUSIC, 2016)
Director+Cinematographer+Lighting Director+VFX & Color: 山田健人

CREATOR 100

BELONG TO/　Caviar, Tokyo Film
TEL/　+81(0)80 4660 5772
E-MAIL/　info@tomokazuyamada.com
URL/　tomokazuyamada.com

CATEGORY/　MV, CM, Short Movie, Cinema, TV Drama
TOOLS/　After Effects, Premiere, Final Cut, Illustrator, Photoshop

093/100　　山田智和　　Tomokazu Yamada

MV - サカナクション「years」(©VictorEntertament, 2015)
Director. 山田智和

MV - 水曜日のカンパネラ「ツチノコ」(©WanerMusic, 2016)
Director+Camera: 山田智和

ショートフィルム、TV-CM、MVなどの映像作品のディレクションを中心に、国内外問わず活動している映像作家。シネマティックな演出と現代都市論をモチーフとしたコンセプチュアルな映像表現が特色。

MV　水曜日のカンパネラ「松尾芭蕉」(©WanerMusic, 2016)
Director: 山田智和

TV Drama -「トーキョー・ミッドナイト・ラン」(©Fuji Television, 2016)
Director: 山田智和

CREATOR 100

TEL/ +81(0) 80 1046 8228
E-MAIL/ mail@takashiyamaguchi.com
URL/ www.takashiyamaguchi.com

CATEGORY/ MV, CM, PV, Animation, Installation, Interactive Contents, etc
TOOLS/ Maya, AfterEffects, Processing, openFrameworks, etc

094/100　　山口崇司　　Takashi Yamaguchi

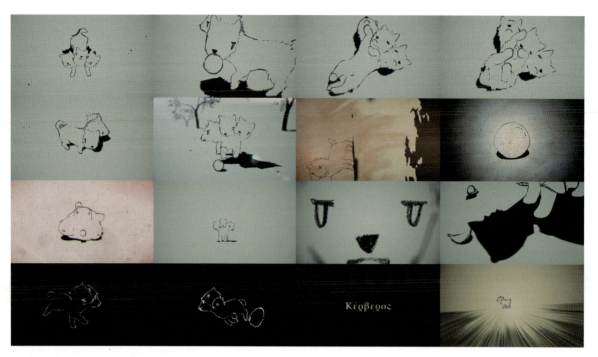

MV - 相対性理論「ケルベロス」(みらいレコーズ, 2016)
Director+CG+Edit: 山口崇司, Character Design: Etsuko Yakushimaru

CM - カインとアベル「Teaser」(株式会社フジテレビジョン, 2016)
Director+Edit: 山口崇司, Art Director: Yuni Yoshida

映像作家・アーティスト。プログラミングを絡めた映像、メディアアート、MV、ライブ映像の制作などを行う。SIGGRAPH、Ars Electronica他での受賞など、国内外で評価を得る。2006年よりツインドラム＋インタラクティブ映像の変則トリオ「d.v.d」を始動。以降、新ユニット「やくしまるえつことd.v.d」や「DEDE MOUSE+TakashiYamaguchi」などで活動中。

PV - BABY-G×HELLO KITTY 「Street Graffiti Art」(カシオ計算機株式会社 株式会社サンリオ, 2016)
Director+CG+Edit: 山口崇司, Music: Delaware

PV - ロキソニンSプレミアム「頭痛注意報」(第一三共ヘルスケア株式会社, 2016)
Director+CG+Edit: 山口崇司

CREATOR 100

BELONG TO/ HOT ZIPANG
TEL/ +81(0)3 6303 0254
E-MAIL/ info@hotzipang.co.jp
URL/ hotzipang.co.jp

CATEGORY/ Animation, MV, CM
TOOLS/ Photoshop, After Effects, Hand Drawing

095/100　シシヤマザキ　ShiShi Yamazaki

TV-CM - EST PINK BARGAIN (©Est, 2016, 2017)

PV - 踊る!早稲田大学 1分キャンパスツアー (©Waseda Univ., 2016)

水彩画風の手描きロトスコープアニメーションを独自の表現方法として確立。代表作に「YA-NESEN a Go Go」「やますき、やまざき」などを発表。ライフワークとして一日一個の顔「MASK」を毎日作り続けるプロジェクトも行う。自分自身をモチーフにしたアニメーションが、世界中のアートアニメーション＆クリエイティブイベントで上映され続けているほか、PRADAや資生堂といった世界的なファッションブランドのプロモーションにも起用されている。

CM- SHISEIDO ULTIMUNE（©Shiseido, 2016）

CM - Airbnb（©Airbnb, 2017）

CREATOR 100

BELONG TO/ P.I.C.S.management
TEL/ +81(0)3 3791 8855
E-MAIL/ post@pics.tokyo
URL/ daichiyasuda.com, www.pics.tokyo

CATEGORY/ CM, MV, Web, Short Film, Fashion Film
TOOLS/ After Effects, Premiere, Illustrator, Photoshop, Softimage, CINEMA 4D, Ableton Live

096/100　　安田大地　　Daichi Yasuda

CM/Web Movie - The Audi R8 Star of Lucis has come to the real world from FFXV(2016) , Director: Daichi Yasuda, A&P: 電通＋D2C dot＋TYO MONSTER Div.

Fashion Film - THE NAIL / LEONARD WONG(©vuno, 2014) Creative Director+Director: Daichi Yasuda

MV - L'Arc~en~Ciel「Don't be Afraid」(©Ki/oon Music, 2016) Director: Daichi Yasuda, Production: P.I.C.S.

Web Movie - SAMURAI NOODLES「THE ORIGINATOR」(©NISSIN, 2016) Director: Daichi Yasuda, A&P: SAMURAI+tha ltd.+HAKUHODO THE DAY+AOI Pro.

Brand Movie - FUTURE FACTORY - ロボット工場長、採用。|グッスマ15周年(©GOOD SMILE COMPANY, 2016) Director: Daichi Yasuda, A&P: Dentsu isobar+Rhizomatiks+Pyramid Film

STUDIO4℃を経て、2008年に独立。CM、MV、Station-ID、Webムービー、ファッションフィルムなどを手掛ける。2010年にadidasのCMでSpikes Asia Advertising Festivalクラフト部門受賞。2014年に監督した「THE NAIL／LEONARD WONG」がColectivo YOX（グッゲンハイム美術館が主催するエキシビション）で、世界のファッションフィルム10本に選出され上映された。

MV - Namie Amuro「Fashionista」(©Dimension Point, 2015) Director: Daichi Yasuda, Production: STORIES

Show Opening - BMW GROUP Tokyo Bay x ANREALAGE「Reflect The Future – Runway to THE NEXT 100 YEARS」(©BMW Group Japan, 2016)
Director: Daichi Yasuda, A&P: drill+P.I.C.S.

Brand Movie - Panasonic 先端研究本部リサーチャーズビジョン2015映像 (©Panasonic Corporation, 2015) Director: Daichi Yasuda, A&P: P.I.C.S.

Opening Movie - NHK レジェンドたちのオリンピック (©NHK, 2016) Director: Daichi Yasuda, Production: 太陽企画

CREATOR 100

BELONG TO/ CEKAI
E-MAIL/ info@yasudatakahiro.com, y@cekai.jp
URL/ yasudatakahiro.com

CATEGORY/ MV, CM
TOOLS/ After Effects, Premiere, Illustrator, Photoshop

097/100　　安田昂弘　　Takahiro Yasuda

MV - MACKA-CHIN「ASPHALT GENJIN」(©P-VINE RECORDS／術ノ穴, 2016)
Director: Takahiro Yasuda, 3DCG: densuke 28

MV - YOSA「夜明け前 feat. ZOMBIE-CHANG & SALU」(©OMAKE CLUB, 2016)
Director: Takahiro Yasuda

MV - 泉まくら「枕」(©術ノ穴, 2016)
Director: Takahiro Yasuda

MV - 東京弐拾伍時「LUCIFER'S OUT feat.AKLO」(©2015 LEXINGTON Co., Ltd., 2015)
Director: Takahiro Yasuda+Ghetto Hollywood

1985年生まれ。名古屋市出身。美術大学を卒業後、株式会社ドラフトにデザイナーとして入社。グラフィックデザイン、プロダクトデザイン、デジタルチームNOROSI、ムービーディレクションなど、多岐にわたるプロジェクトを担当。その傍ら個人としてもグラフィックデザインや映像作家、VJの活動などを行い2015年に同社より独立。CEKAIに所属し、アートディレクション、グラフィックデザインだけでなく、視覚表現を軸に様々な活動を展開している。身長は189.5cm。

Web CM -「UNIQLO TORONTO GRAND OPENING MOVIE」(©UNIQLO, 2016)
Director: Takahiro Yasuda Produced by UNIQLO CREATIVE TEAM / UNIQLO Co., Ltd.

Concept Movie -「Maruman Loose Leaf」(©Maruman Corporation, 2016)
Director: Takahiro Yasuda, 3DCG: densuke28, Art Direction, Design: Draft Co., Ltd.

MV - TOKYO HEALTH CLUB「Last Summer」(©株式会社JVCケンウッド・ビクター エンタテインメント, 2016)
Director: Takahiro Yasuda

MV - sugar me「Rabbit Hole Waltz」(©Rallye Label / Rallye Co.,Ltd, 2016)
Director: Takahiro Yasuda

CREATOR 100

BELONG TO/ Caviar Limited
TEL/ +81(0)3 3779 6969
E-MAIL/ meelme@caviar.ws
URL/ www.caviar.ws

CATEGORY/ TV-CM, MV, Web Movie, Short Film, Animation
TOOLS/ After Effects, Premiere, Illustrator, Photoshop

098/100　泰永優子　Yuko Yasunaga

MV - 浜田ばみゅばみゅ「なんでやねんねん」(©Warner Music Japan Inc., 2016)

MV -「レッツゴー！サボテン」(©NHK, 2016)

CM - チャレンジ1ねんせい「ワレワレハ1ねんせいダ」篇 (©Benesse Corporation, 2016)

1979年生まれ。2003年から映像チーム、ニコグラフィックスとしてMVなどの演出を手掛け、2011年からCAVIARに所属。ポップなキャラクター演出を得意とし、CM、Web映像、MV制作等を中心に活動している。

Web - 赤い羽根70周年 おたがいさまの歌（©中央共同募金会, 2016）

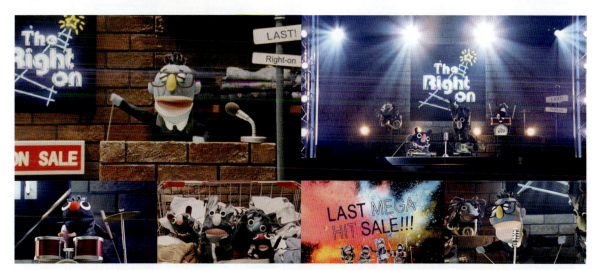

CM - Right-on「LAST MEGA HIT SALE !!!」（©Right-on, 2016）

MV - DAOKO「もしも僕らがGAMEの主役で」（©TOY'S FACTORY INC., 2016）

CREATOR 100

BELONG TO/ ROBOT (Management)
E-MAIL/ mg-ykbx@robot.co.jp
URL/ ykbx.jp

CATEGORY/ MV, CM, Short Movie, Live Movie
TOOLS/ Premire Pro, After Effects, Maya, Zbrush, Photoshop, Illustrator, InDesign, SAI

099/100   YKBX

MV - 安室奈美恵「Hero」(©avex music creative inc., 2016) Director: YKBX

Music Video, CM - 安室奈美恵×初音ミク+NYLON「B Who I Want B feat.HATSUNE MIKU」(© avex music creative inc., 2015) Director: YKBX

MV - amazarashi「虚無病」(©Sony Music Associated Records Inc., 2016) Director: YKBX

ディレクター・アートディレクター・アーティスト。各種映像作品のディレクションや制作に加え、イラストレーションやグラフィックデザインなど活動は多岐にわたる。複数のゲームメーカーに在籍、LAでの映像制作などの経験を活かし、単純な映像制作だけでなく、案件ごとに合わせた世界観を創造するトータルアートディレクションを得意とする。数々の作品をリリースし、国内外の映画祭やイベントでも高く評価されている。

MV - 倖田來未『EX TAPE』(©avex music creative inc., 2015) Director: YKBX

MV - 和楽器バンド「Strong Fate」(©avex music creative inc., 2016) Director: YKBX

Web Movie - 醸造 2050 DJ JOZO MC HAKKO「食文化の創造主、発酵醸造神に山会うための物語 Episode 1」(©WHERE ART and SCIENCE FALLIN LOVE, 2016) Director: YKBX

MV - 倖田來未「HURRICANE」(©avex music creative inc., 2015) Director: YKBX

CREATOR 100

TEL/ +81(0)80 7940 3364
E-MAIL/ mitsunori.yokobori@gmail.com
URL/ www.mitsunoriyokobori.com

CATEGORY/ CM, Web, MV, Short Movie
TOOLS/ Premiere, Photoshop, Illustrator, After Effects, DaVinci Resolve

100/100 横堀光範 Mitsunori Yokobori

MV - 井上苑子「エール」(©EMI Records, Universal Music Japan, 2016)

Web - UNIQLO「ユニクロふんわりルームウェア」(©UNIQLO, 2016)

1986年生まれ。東北新社に入社後、2011年からフリーランスとなりMV、CM、Web、ショートムービーなどを中心に活動。人の感情、女性、音楽、ストーリーなど、目に見えないものをエモーショナルな表現で映像化する。

Short Movie - モンスターストライク「この思い、届け」篇 (©mixi,Inc., 2016)

MV - 井上苑子「ナツコイ」(©EMI Records, Universal Music Japan, 2016)

映像作家クリエイティブファイル
ARCHIVES OF WORK & PROFILES

PRODUCTION 100

001/100　アンドフィクション株式会社　&FICTION!

E-MAIL／　info@andfiction.jp
URL／　andfiction.jp
CATEGORY／　Theater, TV, MV, Live, Short Movie, Movie, Design

ディレクターの上田大樹を中心に、2008年に設立。映画・TV番組などのVFX・デザイン・アニメーション制作。MV、ショートフィルム、映画などのディレクション。また、演劇やライブのプロジェクションマッピングの制作、空間デザイン、映像機材、オペレーションまでをトータルで手掛ける。劇団☆新感線、大人計画、NYLON100℃などの演劇や、いきものがかりのライブの映像デザインなど。

Stage - PLUTO(©東急文化村, 2015) ／ TV - みいつけた「ねぇ しってる?」(©NHK, NED, 2016) ／ TV - 人形劇シャーロックホームズ Tittle Sequence (©NHK, 2014) ／ Movie - 「バクマン。」プロジェクションシーン (©映画「バクマン。」製作委員会, 2015)

002/100　+Ring

TEL／　+81 (0) 3 3436 4540
E-MAIL／　ring-info@ringer.tokyo
URL／　ringer.tokyo
CATEGORY／　CM, MV, Web, Projection Mapping, VR, AR

1986年に発足した太陽企画(株)のCGセクションを基盤に、CG制作やデジタルコンテンツ制作のノウハウを強みにした専門チームとして、2014年にオフィス新設、グローバル展開をスタートさせたデザインスタジオ。制作プロダクションのプロデュース機能と、CG／VFX＆デジタルコンテンツ制作の専門性を融合させて、媒体にとらわれない映像領域における新しい経験と価値の創出を目指している。

TV-CM - プレイステーション「できないことが、できるって、最高だ。2016 / We can do everything」篇(©Sony Interactive Entertainment Inc., 2016) ／ TV-CM - エスプリーク「美容液でメイク」篇(©KOSÉ Corporation, 2016) ／ TV-CM - ソニー生命「本当の生命保険」篇(©Sony Life Insurance Co., Ltd., 2016) ／ TV-CM - Hulu「Huluがある」篇(©Hulu, 2016) ／ TV-CM - LAVIE Hybrid ZERO「- AMAZING ZERO -」篇(©NEC Personal Computers, Ltd., 2015) ／ MV - TOYOTA×水曜日のカンパネラ「松尾芭蕉」(©TOYOTA MARKETING JAPAN CORPORATION, 2016) ／ MV - Perfume「Pick Me Up」(©AMUSE INC., 2016) ／ TV Program - NHK「レジェンドたちのオリンピック」(©NHK, 2016) ／ TV Program - 第67回NHK紅白歌合戦 椎名林檎「青春の瞬き -FROM NEO TOKYO 2016 -」(©NHK, 2016) ／ VR - au「warp cube」(©KDDI CORPORATION, 2015) ／ VR - NEO ZIPANGU (©+Ring, 2016)

003/100　株式会社ヨンサンサン　4-3-3 INC.

E-MAIL/ komaki@4-3-3.co.jp
URL/ 4-3-3.co.jp
CATEGORY/ Web, MV, CM, Short Movie, Drama

代表の駒木剛は都内CMプロダクションに新卒入社後、自分の手を汚して映像を作りたいと思い、福岡の映像制作会社に転職。9年後帰京し、(株)ロボットに中途入社。デジタル制作の普及に伴い小規模でもプロデュース力を活かして面白い映像を作れると考え、2017年に独立。地方CM、MV、時代劇など様々な映像制作の経験を生かし、規模に合わせてフットワークよくできるのが強み。ヨンサンサンはサッカーのフォーメーションが由来。攻撃的です。

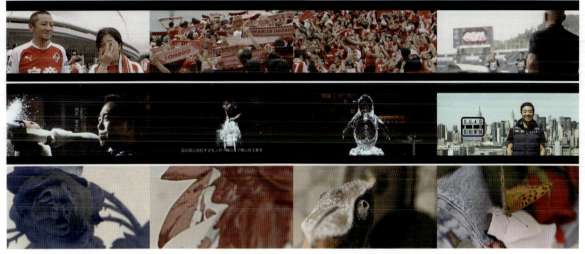

Documentary -「ロアッソ熊本 Jリーグ復帰ドキュメンタリー7月3日」(2016) / TV-CM -「Munsingwear DUALAIR DOWN WEB MOVIE」(2016) / Installation Movie -「GUCCI 4 ROOMS」(2016)

004/100　エーフォーエー　A4A

TEL/ +81(0)3 3770 1777
E-MAIL/ tsugumi@a4a.jp
URL/ a4a.jp
CATEGORY/ Space Production, Live Production, MV, Instaration, Advertisement, CM, Web

「Artist for Artist」を旗印に創立されたクリエイティブ・スタジオ。映像全般、デジタルアート、空間演出、CG制作に始まり、様々なブランドのインスタレーションなど、あらゆるジャンルのクリエイティブをトータルに企画演出している。また、BUMP OF CHICKENのドームツアーではアルバムジャケットやロゴデザイン、MV、ライブ演出など、一貫したコンセプトのもと、既存のジャンルにとらわれない革新的な作品を数々手掛けている。

Live Production -BUMP OF CHICKEN「BUMP OF CHICKEN STADIUM TOUR 2016 "BFLY"」(©TOY'S FACTORY, 2016) / MV - BUMP OF CHICKEN「Butterfly」(©TOY'S FACTORY, 2016) / MV - BUMP OF CHICKEN「GO」(©TOY'S FACTORY, 2016) / MV - 中田ヤスタカ「NANIMONO (feat. 米津玄師)」(©WARNER MUSIC JAPAN INC., 2016)

005/100　オールド株式会社　ALLd. inc.

E-MAIL／　contact@alld.jp
URL／　www.alld.jp
CATEGORY／　Commercial, C.I.,
Web Movie, Graphic

OLD ≠ ALLd。モーショングラフィックスを軸とした、主にCMなどの映像制作やグラフィックデザインを中心に、2015年より活動するクリエイティブカンパニー。時代を経ても、その映像とデザインが色あせることなく変わらず年を重ねていくような、どんな"一瞬"を切り取ってもブレない「デザイン」を追求し続けている。

CM - OMULA BEAUTY CREATES（©大村美容ファッション専門学校、2014）Director: Kenichi Ogino ／ Live Movie - amazarashi 5th anniversary Live Tour 2016「ライフイズビューティフル」（©Sony Music Associated Records, 2016）Director: Kenichi Ogino ／ Web Movie -「トビタテ！留学JAPAN」（©文部科学省、2015）Director: Kenichi Ogino

006/100　アマナ異次元　amana ijigen

TEL／　+81(0)3 3740 4011
E-MAIL／　ijigen@amana.jp
URL／　amanaijigen.com
CATEGORY／　CM, MV, Grapic,
Promotion, Event, Web, Goods

アイドル、アニメーション、ボーカロイド、イベント、グッズ、Webなど、オタクカルチャーを広告からコンテンツ制作まで総合的に行うクリエイティブブティック。ディレクター、プランナー、プロデューサーが合わさり、オタクの思考性と世間を動かすプロモーションアイデアで、「コンテンツの作品性＆世の中へのコトつくり！」が両軸で実行できることが特徴。人と人、人と文化、文化と企業を掛け合わせ、異次元なコトやモノへのストーリメイクを行っている。

MV - 私立恵比寿中学「面舵」（©SME Records, 2016）／ CM - RBジャパン「クレアラシル」（©Reckitt Benckiser, 2016）／ MV - 竹達彩奈「キミイロソレイユ」（©PONY CANYON INC, 2016）／ MV - 妄想キャリブレーション「アンバランスアンブレラ」（©Sony Music Records Inc., 2016）／ CM - 講談社「業物語」（©KODANSHA LTD., 2016）／ MV - 妄想キャリブレーション「おもでなでしこ伝承中」（©DEARSTAGE.Inc, 2016）／ MV - REOL「ギミアブレスタッナウ」（©TOY'S FACTORY Inc., 2016）／ MV - T.M.Revolution「RAIMEI」（©Epic Records Japan, 2016）／ CM -「剣と魔法のログレス」×「fate/Extella」コラボ（©TYPE-MOON ©2016 Marvelous Inc., 2016）／ Promotion - 超特急「Dramatic Seven」（©SDR, 2016）／ Promotion - Yupiteru「霧島レイ」（©Yupiteru Co., LTD., 2014）／ Promotion - Discover 21「NOVELiDOL」（©Discover 21, Inc., 2015）Creative Director+Planner: ハッシー橋本、Director: 篠田利隆、Producer: 大城麻info三, 滝沢明日香

007/100   株式会社AnimationCafe   AnimationCafe Inc.

TEL/ +81(0)3 6455 0248
E-MAIL/ info@animationcafe.co.in
URL/ animationcafe.co.jp
CATEGORY/ Movie. Animation.
Game. Gaming machine. CM. CG.
Praning. Produce

AnimationCafeはハイエンドなCGを制作する専門チーム。映像制作を専門に行うゼネラリストチームと、モーション制作を専門的に行うチーム部門がある。全てに共通することは「アニメーション=動き」を重視し、追及すること。映画・CM・ゲームを問わず、リアル系からカートゥン系まであらゆるジャンルの映像、モーション制作に対応する。十に国内最大級のモデリング専門会社である株式会社ModelingCafeと強力に連携することにより、最高レベルの作品を生み出している。

CM - TOYOTA PRIUS「IMPOSSIBLE GIRLS」篇(2016) / MV - L'Arc~en~Ciel「Wings Flap」(2015) / PV - HONDA「ROAR」(2016) / PV -「FUTURE FACTORY - ロボット工場長、採用。」「グッスマ 15周年」A&P: Dentsu isobar+Rhizomatiks+Pyramid Film(©GOOD SMILE COMPANY, 2016) / Art Film - KAMUY(©NION,Inc., 2016)

008/100   BABEL LABEL

TEL/ +81(0)3 5579 2169
E-MAIL/ info@babel-pro.com
URL/ babel-pro.com
CATEGORY/ Movie, CM, MV

2010年設立。ディレクター集団でありながら、プロダクション機能を持つことで時代に合った映像作りを常に意識し、無駄な時間、コストを排除しクオリティの向上を果たす。「映画監督」が集まったことで脚本、キャスティングも自社で完結。映画などの長尺の作品作りを得意とし、CMやMVにも企画から参加しドラマの要素を取り入れることで新たな映像表現を提案し続ける。P:山田久人、D:藤井道人、志真健太郎、原廣利、澤口明宏、アベラヒデノブ、山口健人などが所属。

CM - ポケットモンスター サン・ムーン「ジブンを超えよう」(©ポケモン, 2016) / CM - SEA BREEZE「娘に贈る手紙」(©資生堂, 2016) / CM - エポスカードウィークス「+EPOS」©丸井, 2016) / MV - ウカスカジー「Celebration」(©TOY'S FACTORY, 2016) / Movie -「オー!ファーザー」(©ワーナー・ブラザーズ, 2013)

009/100　ビービーメディア株式会社　BBmedia Inc.

TEL／ +81(0)3 3671 25011
URL／ www.bbmedia.co.jp
CATEGORY／ Brand content in general including TV-CM, Video, Interactive, Application, VR, AR, MR, Projection Mapping, New Technologies

Creative worth connecting、つながり生まれるクリエイティブを。BBmediaという社名にはブランド（Brand）を輝かせる（Brighten）という意味が込められている。生活者がメディアとなった現在、ブランドの価値を生活者へと変換するつながりを発見する目と、自分ごとに感じられるコンテンツを作り出す力によって、ブランドと生活者を一層輝かせるトーカブルなコミュニケーションを生み出すことが使命だと考えている。

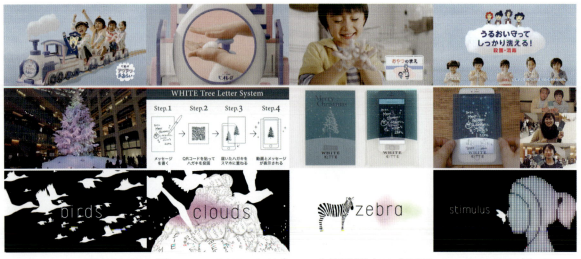

CM - ビオレuハンドソープ「何度も洗う手だから」篇（©Kao, HAKUHODO, BBmedia, 2013）Agency: 株式会社博報堂／ Web - 「WHITE Tree Letter」（©日本郵便株式会社, ADK, BBmedia, 2015）Production: ビービーメディア株式会社, Agency: 株式会社アサツーディ・ケイ／ Web Movie - 「世界は数式でできている」（©SHISEIDO, BBmedia, 2013）Production: ビービーメディア株式会社

010/100　株式会社　回　Cai Inc.

TEL／ +81(0)3 6407 8790
E-MAIL／ info@cai.lt
URL／ cai.lt
CATEGORY／ CM, Movie, TV Drama, Web, MV

国内外のあらゆるジャンルの映像制作に携わり、経験を積んだデザイナーが集まってできた会社。フルCGはもちろん、モーショングラフィックス、VFXも得意とする。CM、映画、TVドラマやMV、企業PR、イベント映像など幅広く映像制作を行っている。常に新しいことに目を向け、チャレンジし続けているプロフェッショナルなクリエイティブチーム。

CM - フリスク「FRISK NOW mints」（©クラシエフーズ株式会社, 2016）／ CM - 株式会社ジャパネットたかた「30周年利益還元祭」（©株式会社ジャパネットたかた, 2016）／ CM - DRY ZERO「シルバーインパクト」篇「シルバースプラッシュ」篇（©アサヒビール株式会社, 2016）

011/100　CAVIAR LIMITED

TEL/　+81(0)3 3779 6969
E-MAIL/　meetme@caviar.ws
URL/　www.caviar.ws
CATEGORY/　TV-CM, MV, Web Movie, Film, Short Film, Animation, Show, ID

映像クリエイティブチームとして、2000年設立。クリエイターのマネジメント、映像制作を行う。プロデューサー、CGデザイナーも在籍しており、企画、制作、演出から編集、CG制作、コンポジットまで一貫したワークフローでの制作を得意とする。CANNES LIONS、Clio Awards、One Show、New York ADCなど、国内外での受賞歴も多数。所属クリエーターは中村剛／田中裕介／出村拓也／志賀匠／村井達雄(nicographics)／泰永優子(nicographics)／山田智和／平岡政展。

CM - GLA GOIGLA (© Mercedes-benz Japan., 2015) ／ CM - Life is electric (© Panasonic Corporation., 2016) ／ CM - BUYMA A Kind Drone 〜親切なドローン〜 (© Enigmo Inc., 2016) ／ CM - ライザップ「つぎつぎと！イキイキと！」篇 (© RIZAP, 2014) ／ MV - サカナクション「新宝島」(© NF Records., 2015) ／ WEB - TRUE WETSUITS (© QUIKSILVER® JAPAN., 2015) ／ WEB - 淡麗グリーンラベル「GREEN NAME」(© Kirin Company. Limited., 2016) ／ CM - ブルーバタフライ (© TORAY INDUSTRIES INC., 2016) ／ MV - Perfume「FLASH」(© UNIVERSAL MUSIC LLC., 2015) ／ MV - でんぱ組.inc「STAR☆ットしちゃうぜ春だしね」(© TOY'S FACTORY INC., 2016) ／ MV - DAOKO「もしも僕らがGAMEの主役で」(© TOY'S FACTORY INC., 2016) ／ MV - 水曜日のカンパネラ「アラジン」(© TSUBASA RECORDS., 2016)

012/100　セカイ　CEKAI

TEL/　+81(0)3 6873 3997
E-MAIL/　contact@cekai.jp
URL/　cekai.jp
CATEGORY/　Branding, Produce, Direction, Product Design, Graphic Design

2014年結成のクリエイティブアソシエーション。「世界」の名の下に所属や領域を横断して、総合的にクリエイションを構築していく。現在、東京と京都を拠点を置いている。映像ディレクター、映像プロデューサー、映像作家、音楽家が数名在籍しており、実写映像からアニメーション、モーショングラフィックスと、映像領域での表現方法は様々。各々の領域での解像度を上げることを厭わず、それらを一本に繋げて現していくことが、「世界」のミッションである。

Motion Logo - NIKE LAB MA5 (©NIKE JAPAN, 2016) ／ Web CM - 国宝・彦根城築城410年祭 プロモーションムービー「彦根に集え」(©国宝・彦根城築城410年祭推進委員会, 2016) ／ TV OP - NHK「LIFE!」OPENING MOVIE (©NHK, 2010) ／ Brand Movie - 東京都写真美術館「The Entrance」(©東京都写真美術館, 2016) ／ Web CM - UNIQLO TORONTO GRAND OPENING MOVIE (©UNIQLO, 2016) Produced by UNIQLO CREATIVE TEAM/UNIQLO Co., Ltd. ／ Scenography - ミラノ万博日本館「FUTURE RESTAURANT」館内映像 (©JETRO, 2015) ／ Brand Movie - 999.9, KEEPING, MOVING - New Collection 2016-2017 (©Four Nines Co.Ltd., 2016) ／ Brand Movie - Scene 1 (©GO ON x Panasonic Design Kyoto KADEN Lab., 2016) ／ Brand Movie - Narita International Airport Terminal 3 (©日建設計, 良品計画, PARTY, 2015) ／ Movie - LOST YOUTH (©CEKAI, CAVIAR UK, 2015) ／ MV - 石野卓球「Rapt In Fantasy (Radio Edit) Ver.1」(©Ki/oon Music, 2016)

013/100　クラブエー　CluB_A

TEL／ +81(0)3 5759 6470
URL／ club-a.aoi-pro.co.jp
CATEGORY／ CM, MV, Movie

CMディレクターを中心に、様々なフィールドで活動するクリエイターのマネジメントを行っている。2004年1月1日 葵プロモーション（現・AOI Pro.）内に発足。所属ディレクターに永井聡、江藤尚志、舟越響子、栗田恵造、大野早葉子、宮坂和幸、箱田優子、大野大樹、松山茂雄、古川原壮志、中江和仁、山本昌弘、下田彦太、Marco Kalantari、細谷ゲンがいる。

CM-永井聡「水の山行ってきた 南アルプス」篇(サントリー,2016)／CM-江藤尚志「モンスターストライク くだらないこと」篇(mixi,2015)／CM-江藤尚志「グローバル企業広告 THE MOMENT」篇(ブリヂストン,2014)／CM-大野大樹「カップヌードル 7 SAMURAI」篇(日清食品,2016)／CM-大野大樹「キングダム連載10周年実写特別動画」(集英社,2016)

014/100　株式会社クラフター　CRAFTAR Inc.

TEL／ +81(0)3 6277 7727
E-MAIL／ info@craftar.co.jp
URL／ www.craftar.co.jp
CATEGORY／ Movie, Short Movie, TV Program, CM, Character Modeling, Web

2011年4月にスティーブンスティーブンとして設立し、2016年11月にクラフターに社名変更。クラフターとは「作り手」のことであり、優れたクリエイターと最新のデジタル技術により映像制作界の革新を目指す。設立以来、アニメーションの

様々な手法を活用し、映画・テレビ番組・広告など多岐にわたる制作を通して質の高いモノづくりの技術に磨きをかけてきた。あらゆるジャンルの作品を、企画・制作・宣伝まで一貫して手掛けている。

Character Modeling - Pokémon GO (©2017 Niantic, Inc. ©2017 Pokémon. ©1995-2017 Nintendo/Creatures Inc./GAME FREAK inc.)／Animation Feature Film - 「花とアリス殺人事件」(©花とアリス殺人事件製作委員会, 2015)／Animation Short Film - 「新世紀いんぱくつ。」(©nihon animator mihonichi LLP. ©khara, 2015)／TV Animation - 「ふうせんいぬティニー」(©2015 Genki Kawamura & Kenjiro Sano / Tinny Project, 2015)／Animation Short Film - 「ムーム」(©2016 G.Y/W/ MOOM FP, 2016)

015/100　クリプトメリア　CRYPTOMERIA

TEL/　+81(0)3 5779 7161
E-MAIL/　cpm@crypto-meria.com
URL/　crypto-meria.com
CATEGORY/　TV, CM, MV, Web, App,
PV, Installation

2001年設立。アートディレクションを軸にモーション、インタラクティブ、UI/UX、インスタレーションを通して、新たな価値・世界観を生み出すクリエイティブ集団。メンバーは熊崎隆人、杉江宏憲、大嶋克昌、安部竜也、向井拓也、太田美希。主な作品は日本テレビ「NEWS ZERO」(2000)、「news every.」、FUJIFILM「INSTAX SQUARE」、NIKE SPORTS、JSPORTS「ID」、Dom Pérignon「Vintage 2004 Unveil」、キュレーションマガジンantennaなど。

MV - 中塚武「JAPANESE BOY」(©Delicatessen Recordings, 2016) Director: Hironori Sugie ／ TV - 日本テレビ「news every.」(©日本テレビ放送網株式会社, 2016)
Art Director+Director: Hironori Sugie ／ PV - Wilson「ウルトラはいる。」(©AMER SPORTS JAPAN, 2016) Director: Takuya Mukai

016/100　株式会社デイジー　daisy Inc.

TEL/　+81(0)3 3708 0064
E-MAIL/　info@daisy-co.com
URL/　www.daisy-co.com
CATEGORY/　3DCG, CM,
Programming, Prototype

2004年に3DCG、ゲーム制作スタジオとして発足。米国西海岸等での制作経験もあり、ゲーム、映画、CMなどの制作を手掛ける。最近は欧米やアジア出身のクリエイターやエンジニアも増え、海外へ向けても発信。インタラクティブ性のある

アート作品、エンターテインメント、アプリ、プロトタイピングなど、CGとゲームのノウハウとテクノロジーを軸にして既存の領域を飛び越えながら、日々活躍の舞台を広げている。

Interactive Art - HAKONIWA(©daisy Inc., 2015) ／ Interactive Art - NARIKIRI SHOWDOWN(©daisy Inc., 2014) ／ Interactive Art - Lazy Arms(©daisy Inc., 2016)

225

017/100　株式会社ダンスノットアクト　Dance Not Act Inc.

TEL / +81(0)3 5418 7755
E-MAIL / info@dancenotact.com
URL / www.dancenotact.com
CATEGORY / CM, MV, Short Film, Web, Graphic, Broadcasting

「演じず、踊れ。」を合言葉に、スピードとクオリティを武器として、企画・撮影・スタジオ・CG・編集・グラフィックまで、すべてをインハウスで取り組むプロフェッショナル集団。特にCGチームは、カーデザイナーのジウジアーロjr.が「私のクルマはぜひここでCG化したい」と言うほどのクオリティの高さが自慢。CMやMVだけでなく、TV番組やWeb映像、ショー用映像まで、幅広い映像領域で今日も踊り続けている。

CM - デオウ「驚きの事実」篇（ロート製薬株式会社, 2016）／CM - 2016 TR 岩田剛典「叶うなら、守らせて。」篇（株式会社サマンサタバサジャパンリミテッド, 2016）／CM - 「AiR ANSWER」篇 ネイマール（西川産業株式会社, 2016）／MV - 安室奈美恵「Hero」（Dimension Point, 2016）

018/100　株式会社 電通クリエーティブX（クロス）　Dentsu Creative X Inc.

TEL / +81(0)3 6264 6800
E-MAIL / info@dentsu-crx.co.jp
URL / www.dentsu-crx.co.jp
CATEGORY / CM, GR, Interactive, Web Movie, MV

2009年、クリエーティブコンテンツ制作事業に特化した会社として設立。日本初のTV-CMを制作した電通映画社を起源とし、映像をはじめ、グラフィックやインタラクティブなど、あらゆるメディアのコミュニケーションコンテンツ制作を手掛ける。プロデューサー、映像ディレクター、デザイナー、コピーライター、テクニカルディレクターなど、多様な人材を揃え、一貫した企画・制作体制を構築。ACC CM FESTIVALやCANNES LIONSなど、国内外の広告賞を多数受賞。

CM - GREEN DA・KA・RA「グリーンダカラちゃん 未来へ行く」篇（©サントリー, 2016）／CM - 長崎バス「南越のふたり」篇（©長崎自動車, 2016）／CM - IMPREZA「愛でつくるクルマ」篇（©富士重工業, 2016）／Web Movie - 「HEARTLAND FOREST」（©キリンビール, 2016）／CM - ニベアクリーム「まもりたい」篇（©ニベア花王, 2016）／CM - 企業「特別な30分」篇（©オリンパス, 2016）／Web Movie - 「DREAM FITA PROJECT」（©パナソニック, 2016）／CM - Cook Do® 回鍋肉「無くなるよ」篇（©味の素, 2016）／Web Movie - 政府広報 消費者保護「毎日話せば詐取は防げる」篇（©内閣府, 2016）／CM - 即席焼ビーフン「エアライン」篇（©ケンミン食品, 2016）／CM - オールフリー「虹をかける」篇（©サントリー, 2016）／CM - クラッシュ・ロワイヤル クラロワ「負けたくない勝負」シリーズ「北島康介 腕相撲」篇（©Supercell, 2016）

019/100　ディクショナリーフィルムズトーキョー　Dictionary Films Tokyo

TEL/　+81(0)3 4540 8860
E-MAIL/　tokyo.production@dictionaryfilms.com
URL/　dictionarytokyo.com
CATEGORY/　CM, Short Movie, Web

コンセプトの発案の段階からクライアントと連携し、プロダクションを通してコンテンツを磨きけげていく。ニューヨーク、シカゴ、デトロイト、LA、そして東京に拠点を構えるCutters Studios内のフルサービスプロダクションであり、ポストプロダクションパートナーであるCuttersと密接に連携しながら、効率の良い制作とクライアントへの最大限の利益を実現する。全てのプロジェクト、その一つ一つに血と汗を注ぎ作り上げている。

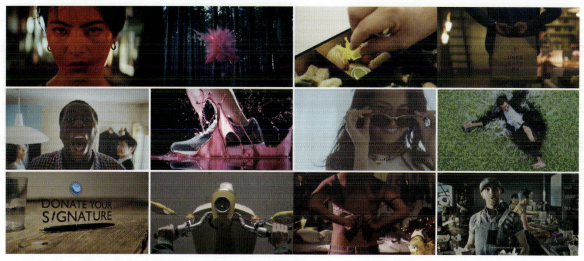

CM - NIKE「#身の程知らず」(2016) ／ CM - Global Work「Feeling Is Believing」(2016) ／ CM - H&M「H&M House」(2016) ／ CM- Adidas「Bounce」(2016) ／ CM- Uber「UberEATS」(2016) ／ CM- T-fal「不動産セールスマンの秘策」(2016) ／ CM- UNESCO「Donate Your Signature」(2016) ／ CM- Panadol「Food Truck」(2016) ／ CM- BMW「Make Life A Ride」(2015)

020/100　株式会社デジデリック　Digidelic Inc.

TEL/　+81(0)3 5778 9130
E-MAIL/　info@digidelic.jp
URL/　www.digidelic.jp
CATEGORY/　TV, MV, CM, Web, Movie, LIVE, VR

1996年設立。3DCG・デザイン・モーショングラフィックス・VFXを駆使し、多彩なジャンルのコンテンツを手掛けている。TV番組のCG制作や「リアルタイムCG」の運用・送出作業を中心に活動してきたが、近年では映画、CM、TV、PV、Live、プロジェクションマッピング、VRなどの映像を手掛け、幅広いフィールドで創作活動を展開。様々な映像分野において、CGの可能性を拡げるべく、新たなチャレンジを続けている。

VR - 「攻殻機動隊 新劇場版 VIRTUAL REALITY DIVER」(© 士郎正宗・Production I.G ／ 講談社・「攻殻機動隊 新劇場版」製作委員会, 2016) ／ Game - 「PESLEAGUE」(©Konami Digital Entertainment, 2016) ／ CM - DAIWA MAGSEALED (©GLOBERIDE, Inc. All Rights Reserved., 2016) ／ Event - 横浜・八景島シーパラダイス「楽園のナイトアクアリウム」(© 横浜・八景島シーパラダイス, 2016)

PRODUCTION 100

021/100

TEL/ +81 (0) 3 6451 2610
E-MAIL/ info@swimmy-888.jp
URL/ swimmy.org
CATEGORY/ Movie, Branding, Interactive Art, Web, Graphic

クリエイティブ ハブ スイミー

Creative Hub Swimmy

2013年設立。プロデューサーズカンパニー、株式会社ハッチのプロダクション部門として発足。プロデューサー、プロダクションマネージャー、ディレクター、グラフィックデザイナーらが在籍。多様なクリエイションシップを活かしたチームビルディングで、ハッチ社の多岐にわたるプロデュースワークの屋台骨として、CM、Web、MVなどの映像分野にとどまらず、インタラクティブコンテンツ、イベント、インスタレーションまで幅広い制作を手掛ける。

PV - UGUISU (©CINRA, Inc., 100Tokyo, 2015) ／ PV-Adobe Creative Jam in Tokyo (©Adobe Systems Incorporated, 2016) ／ Interactive - SONY VISION SHIBUYA「Ghostbusters」(©Sony, 2016) ／ PV - Outliers by THEO (©お金のデザイン, 2016) ／ PV - おいしい教室～ご馳走の時間～ (©Smiles/Soup Stock Tokyo, 2015) ／ PV - 早稲田の四季 春篇 (©WASEDA University, 2016) ／ PV - HEBEL HAUS OUTDOOR LIVING FAIR (©AsahiKASEI, 2016) ／ PV - ARITA URESHINO GROOVE (©有田嬉野市, 2016) ／ PV - Chut！#秘密のない人生なんて (©INTIMATES, 2016) ／ PV-カジタク (©カジタク, 2016) ／ Interactive - Sony Sound Planetarium 2016 (©Sony, 2016) ／ Movie - Shuta Hasunuma Philharmonic Orchestra「Recollection」(@ 蓮沼執太, 2016)

022/100

TEL/ +81 (0) 3 5348 7040
E-MAIL/ info@drawiz.co.jp
URL/ www.drawiz.co.jp
CATEGORY/ CM, PV, Film, Game

株式会社drawiz

drawiz inc.

3DCG・VFX技術を駆使した特殊効果・実写合成の映像制作を得意とし、CM、映画、ゲーム、アーティストのLIVE・プロモーションなどの制作で実績を重ねる。そのクオリティーの高さで、多くのクライアントから評価を得ている。

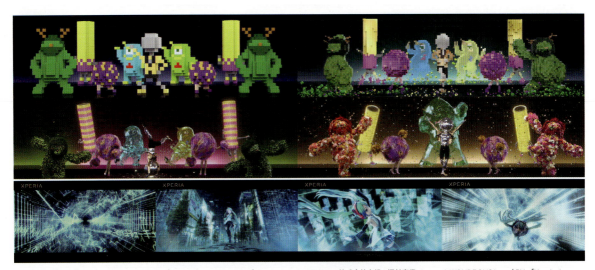

PV - Sony CLEDIS「EVOLUTION OF IMAGERY」(©Sony Corporation, 2017) Production: PARTY NY ＋株式会社白組＋振付家業 air:man ＋ WONDROUS inc. ／ PV -「Xperia / VOICES tilt-six Remix feat. Miku Hatsune」(©Crypton Future Media, INC., 2016)

023/100　有限会社イアリンジャパン　Eallin Japan Co.,Ltd.

TEL　+81(0)3 6273 2493
E-MAIL　info@eallin.jp
URL　eallin.jp
CATEGORY　CM, MV, TV, Short Movie, Print

2010年、アジア、オセアニア地域担当の日本スタジオとして設立。本社はチェコ共和国・プラハ。日本国内ではCM、TVグラフィック、MVと様々なフィールドで数多くのプロジェクトに参加。

アニメーションディレクターを中心とする提案型プロジェクトを得意とする。スタジオは現在プラハ、ロンドン、東京、ブラティスラヴァの4ヵ国に展開している。

MV - Nulbarich「NEW ERA」(©Rainbow Entertainment co.ltd., 2016) ／ CM - Auswide Bank「The Big Hearted Bank」(©Auswide Bank Ltd, 2016) ／ MV - amazarashi「あんたへ」(©Sony Music Associated Records INC., 2013)

024/100　イーズバック　easeback

TEL　+81(0)3 6300 5832
E-MAIL　info@easeback.jp
URL　www.easeback.jp
CATEGORY　Movie, MV, CM, Web

アートディレクションから映像の企画・演出まで幅広く手掛けるクリエイティブチーム。これまでに数多くのCDデザインやMV、広告映像を制作。

2011年公開の大根仁監督による「モテキ」以降、映画作品のエンドロール演出なども手掛ける。

Movie -「バクマン。」エンドロール　(©2015映画「バクマン。」製作委員会, 2015) ／ Movie -「SCOOP!」オープニングタイトル／エンドロール　(©2016映画「SCOOP!」製作委員会, 2016) ／ Movie -「モテキ」エンドロール　(©2011映画「モテキ」製作委員会, 2011)

PRODUCTION 100

025/100

株式会社エルロイ

ellroy Inc.

TEL/ +81(0)3 5784 2045
E-MAIL/ info@ellroy.jp
URL/ www.ellroy.jp
CATEGORY/ MV, CM, Short Movie, Web Movie

2012年設立の映像制作会社。TV-CM、企業VP、映画、ドラマなど多岐にわたる作品を制作。大手クライアントからの信頼も厚い。また、企画・制作・撮影・編集を自社内で完結する「一貫制作体制」を実施。柔軟かつスピーディーな対応を実現し、次世代型映像制作会社の先駆けとなる。社内においては"現場こそ主役"をモットーに「逆ピラミッド組織体制」を構築。若手からベテランまで一人一人の"個"の力を発揮し「時代をリードする最高の映像づくり」に邁進している。

TV-CM -「揖保乃糸「中村隼人」篇」／ Web Movie - DAIHATSU CAST「あなたを、日本を、おもしろく。」プロジェクト／ Branding Movie - YAMAHA Branding India「Music more than words」篇／ TV Drama - CX「きみはペット」OP映像／ TV-CM - Canon PhotoJewelS「母の言葉、娘の心」篇／ Web Movie - マツダ株式会社「ALL NEW MAZDA CX-5 SPECIAL MOVIE」／ TV-CM - メキシコアボカド「チェイスアボカド」篇／ PV - トヨタ自動車「TOYOTA_KIKAI_PRODUCT」／ Web Movie - KIRIN「のどごしサマースペシャル」／ Web Movie - 日清「どん兵衛 東西対決」／ TV Drama - 「相棒14」OP映像／ Web Movie - 集英社「秋マン!!2016キャンペーン動画」

026/100

エンジングループ

ENGINE GROUP

TEL/ +81(0)3 3444 0147
E-MAIL/ info@engine-f.co.jp
URL/ www.engine-f.co.jp
CATEGORY/ TV-CM, PV, MV, Web

ワンストップ・プロダクションとして、TV-CM、Web、PV、MVを中心にオリジナルコンテンツの企画制作・プロダクトの企画開発などを行っている。拠点は、LAのサテライト、シンガポールにあるShooting Gallery Asiaと提携し、シンガポール・上海・インドネシア・ベトナム・マレーシア・フィリピン・ニュージーランド・パリなど、世界中でプロダクションサポートを実施。『誰も知らない』、『ゆれる』など、30本以上の映画を製作。

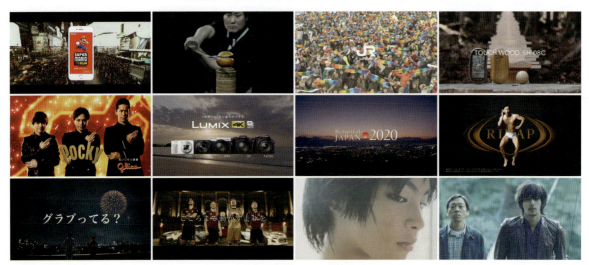

CM -「スーパーマリオラン」(©任天堂株式会社, 2016) ／「PV -100周年事業「YASKAWA BUSHIDO PROJECT」(©株式会社安川電機, 2015) CM -九州新幹線「全線開業」(©九州旅客鉄道株式会社, 2011) ／ CM -「森の木号」(©株式会社エヌ・ティ・ティ・ドコモ, 2011) ／ CM - ポッキーチョコレート「シェアハピ第2章・デビュー」篇 (©江崎グリコ株式会社, 2016) ／ CM - LUMIX 4K フォト「30コマ速写」篇 (©パナソニック株式会社, 2016) ／ CM - BJ岩手「ボルダリング」篇 (©パナソニック株式会社, 2016) ／ CM - BA「遠藤章造ホホホーイ」篇 (©RIZAP株式会社, 2016) ／ CM -「GBF 聞けない男子」篇 (©株式会社サイバーエージェント, 2016) ／ CM -「AC Milan vs. Drift Cars」(©東洋ゴム工業株式会社, 2016) ／ Movie - 是枝裕和「誰も知らない」(©「誰も知らない」製作委員会, 2004) ／ Movie - 西川美和「ゆれる」(©「ゆれる」製作委員会, 2006)

027/100

TEL／ +81(0)3 5778 4367
E-MAIL／ info@epoch-inc.jp
URL／ epoch-inc.jp
CATEGORY／ MV, CM, Short Movie, Web, Event, Graphic, Installation

株式会社EPOCH

クリエイティブプランニング・ディレクション、プロダクションワーク、ディレクターマネージメントを行う新しいタイプのクリエイティブレーベル。クライアントの「モノ・コト・サービス」の本来の魅力を、メンバーであるディレクターを基軸

EPOCH inc.

として、ありとあらゆる領域の多様な表現を追及したうえで、選択し、提案し、カタチにしていく。クライアントとユーザーの間に新しい価値観を生み出すための「シーン」作りを追求し、提供し続けている。

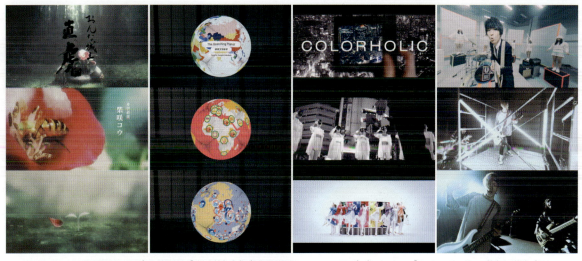

Opening Title - NHK大河ドラマ オープニングタイトル「おんな城主 直虎」（©NHK All rights reserved., 2016）／ Instaration -「The Searching Planet 検索する地球」（©Miraikan – The National Museum of Emerging Science and Innovation, 2016）／ MV - 水曜日のカンパネラ「COLORHOLIC – 水曜日のカンパネラ × shu uemura」（©shu uemura all rights reserved., 2016）／ 360°MV - Dragon Ash, UNISON SQUARE GARDEN「LIVE for YOU docomo WITH SUPPORT FROM google」（©NTT DOCOMO, INC. All Rights Reserved., 2016）

028/100

TEL／ +81(0)3 5774 6398
E-MAIL／ sales@flag-pictures.co.jp
URL／ www.flag-pictures.co.jp
CATEGORY／ VP, MV, CM, Web

株式会社フラッグ

代表の久保浩章が東京大学在学中の21歳で起業し、現在創業16年を迎えた。映像・Web・PRプロモーションをワンストップで提供し、ただ映像やWebを制作するだけでなく、そこにマーケティングの手法も取り入れた「見てもらえる」映像や

flag Co.,Ltd.

Webを提供している。また、近年VRやAR、プロジェクションマッピングといった新しい技法が次々と開発される中で、コミュニケーションデザインの領域にも積極的に参画し、見る者をより惹きつける仕掛けを日々創造している。

Company VP -「Beauty of line」（©flag Co.,Ltd., 2016）／ Movie -「映画 講談・難波戦記−真田幸村 紅蓮の猛将−」（©flag Co.,Ltd., 2015）／ Animation - アニメ「鬼平」OPムービー（©オフィス池波／文藝春秋／「TVシリーズ鬼平」製作委員会）

029/100　株式会社flapper3　flapper3 Inc.

TEL/ +81(0)3 5817 4172
E-MAIL/ info@flapper3.co.jp
URL/ www.flapper3.co.jp
CATEGORY/ MV, CM, TV, Film, VR, Event, Web

2002年、鈴木陽太、矢向直大、中村圭一の3名にて結成。東京を中心にVJ活動を開始。2009年、flapper3 Inc.を設立。モーショングラフィックスを軸に、映像、Web、VR、プロジェクションマッピングなどの企画・演出から制作まで手掛けるクリエイティブスタジオ。近年では、CM、MV、ゲーム、映画、番組タイトルやコンサート、アトラクション施設の映像演出など幅広く活動している。

Live - 初音ミク「マジカルミライ2016」(©Crypton Future Media,INC., 2016)

030/100　株式会社フラックス　FLUX

TEL/ +81(0)3 6453 9512
E-MAIL/ info@flux-inc.jp
URL/ www.flux-inc.jp
CATEGORY/ CM, Movie, MV, Web, VR, Game, etc

CMを中心に映画、イベント映像、ゲームなど様々なジャンルで活動。CGディレクター、テクニカルディレクターと経験を詰んだスタッフで様々なプロジェクトに対応できる体制が整っている。クライアントに喜ばれるハイクオリティな作品制作をモットーとしている。

CM - 日本電気株式会社 企業広告「2020集まろうぜCG」篇 (2017) / CM - TOYOTA_GAZOO Racing (2015) / CM - glico「smile.Glico あなたが笑うと」篇 (2015) / MV - Kaera Kimura「BOX」(2016) / MV - 電気グルーヴ「Fallin's Down」(2015) / MV - SETA「Kingyobachi」(2016)

031/100　フォグホーン　FOGHORN

E-MAIL/　findout@foghorn.jp
URL/　foghorn.jp
CATEGORY/　CM, Picture Book,
Comic, VJ, Live Painting

代表の谷川はTHE BLUE HEARTSのデビュー前からアルバム4枚目までマネージャー(ジャグラー所属)を担当。その後、様々な音楽レーベルで数十バンドのディレクション、マネージメントを行う。2011年FOGHORNを設立し、スプツニ子!、BOOM BOOM SATELITESと共にひらのりょう、奥下和彦、菅井麻奈美のマネージメントを開始。現在は映像アニメーション作家のみ所属。作家の育成に加え、海外見本市へのブース出展、世界のクリエイターの交流事業も行う。

TV - NHK ノージーのひらめき工房「ホントホントホソト」（©NHK, 2016）／ Movie for Event - 新千歳空港国際アニメーション映画祭 2015年ビジュアル（©新千歳空港国際アニメーション映画祭, 2015）／ MV - アンアミン「不夜城アンアミン」（©アンアミン／OfficeAugusta, 2016）／ CM - 東京ガス「エネルギーのうた」（©東京ガス, 2016）／ Web - NIKF, NIKE BETTER WORLD（©NIKE, 2016）／ CM カネボウ「スマイルコネクト」（©カネボウ, 2016）／ CM - 伊勢丹, ISETAN CLEARANCE SALE SPECIAL MOVIE（©伊勢丹, 2015）／ TV - 報道ステーション（©テレビ朝日, 2011-2016）／ Movie「アズミ・ハルコは行方不明」映画内アニメーション（©「アズミ・ハルコは行方不明」製作委員会, 2016）／ TV -「僕たちの知らない！あのモノの気持ち」OP（©TBS, 2015）／ MV - OMODAKA, Hietsuki-Bushi（©OMODAKA, 2011）／ Stage Art - 演劇集団ロロ「朝日を抱きしめてトゥナイト」劇中アニメーション（©演劇集団ロロ, 2014）画像上段（菅井麻奈美）中段（奥下和彦）下段（ひらのりょう）

032/100　株式会社FOV　FOV co., ltd.

TEL/　+81(0)3 6457 4142
E-MAIL/　info@fov.tokyo.jp
URL/　fov.tokyo.jp
CATEGORY/　CM, Short Movie,
Event Movie, 3DCG

企画・ディレクション・撮影・3DCG・コンポジットまで行うトータルプロダクション。コンセプトムービー、プロジェクションマッピング、特殊スクリーンを使用したイベント映像と演出、VRやプログラミングを使用したインタラクティブ、ダンスやパフォーマンスと連動した映像演出、ゲーム作品のプロモーション及びオープニング、CM、MVなどジャンルにとらわれず幅広く映像を制作。

CM -「FREETEL IVENT OPENING」(2016) Direction+3DCG Design+Vfx+Composit: FOV ／ CM - OMEGA「Movement of Time」(2016) Direction+Motion Graphics: FOV ／ CM Intel® RealSense™ Technology「ACTIVITY DAY」(2016) Direction+VFX+DOP: FOV

033/100　株式会社画龍　GARYU CORPORATION

TEL/　+81(0)3 6434 1027
E-MAIL/　contact@ga-ryu.co.jp
URL/　www.ga-ryu.co.jp
CATEGORY/　CM, MV, Movie, Web

CGアーティスト早野海兵を筆頭に、コンセプト・企画・デザインから映像製作の最終フィニッシュまで、最高のクオリティを追求し創造している。デザインする唯一無二のCG会社として、業界歴20年以上の信頼と実績があり、最先端の表現への追求が様々な分野から評価されている。ムービー静止画はもとより、イベント映像、3Dマッピング映像、Web用グラフィック、リアルタイム用など、CGを使用したあらゆるコンテンツに対応可能。

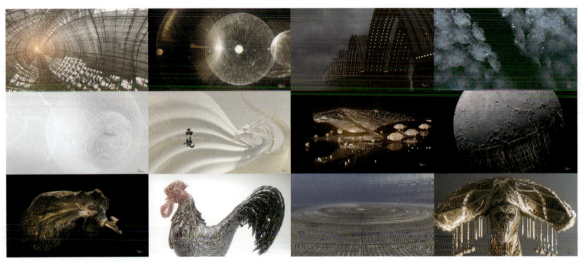

Original - CG WORLD 連載「画龍点睛」(©画龍, 2015 - 2017)

034/100　株式会社ギークピクチュアズ　GEEK PICTURES INC.

TEL/　+81(0)3 5879 2360
URL/　geekpictures.co.jp
CATEGORY/　CM, Web, MV, Movie, Digital Content, Sales Promotion

TV-CMを中心に映像制作を手掛けるクリエイター集団。日本を代表するクリエイターたちとチームを組み、クライアントの期待を超えた質の高い仕事を手掛け、国内外から高い評価を得ている。上海、シンガポールにもオフィスを構え、世界の様々なクライアントのニーズにも対応。また、近年では映像制作のみならず、デジタルコンテンツやプロモーションの分野でも活躍の幅を広げている。

CM - 白戸家「ゴジラVSお父さん」篇 (ソフトバンク株式会社, 2016) ／ CM - ポカリスエット「エール」篇 (大塚製薬株式会社, 2016) ／ CM - 雪肌精「お願い！朝乳液」篇 (株式会社コーセー, 2017)

035/100　株式会社 グッドフィーリング　GoodFeeling Inc.

TEL/　+81(0)3 3662 1055
E-MAIL/　info@goodfeeling.co.jp
URL/　goodfeeling.co.jp
CATEGORY/　PV, CM, Web Movie,
Event movie, Documentary

2001年設立。魅力あるクリエイティブは、制作に関わるすべての人がGoodFeelingにつながったときに生まれるもの。そんな想いから日々「つながり」を大切にしている。2015年にドキュメンタリーサイト「Inspire」(inspire-tokyo.jp)を開設。スポーツ・アート・音楽・ファッションなど、あらゆるジャンルの魅力ある人たちとつながるべく、スタッフ自ら企画・運営を行っている。ドキュメンタリー系の企画はもちろん、アニメーション・モーショングラフィックスの制作実績も多い。

Web Movie - TOTTORI WEST「FAMILY TIME TEST」篇 (©鳥取県西部地域振興協議会, 2016) ／ Web Movie - 「マスターズドリームスペシャルムービー」(©SUNTORY HOLDINGS LIMITED, 2016) ／ Web Movie - 「Fight Night Salt Lake City: Cub Swanson Tour of Japan Part 3」(©UFC, 2016)

036/100　ガンズロック　GunsRock inc.

TEL/　+81(0)3 5468 6169
E-MAIL/　info@gunsrock.co.jp
URL/　gunsrock.co.jp
CATEGORY/　CM, Web Movie,
Global Content, Promotion Movie,
MV

2010年11月1日設立。広告・コンテンツ、映像を軸に、多種多様なメディアを通じて人種・世代・国境・文化を越えたすべての人々に社名にも想いを込めた「引き金(GunLock)」となりうる作品を追い求めるクリエイティブプロデュース集団。感動、夢、希望、勇気、笑いなどあらゆるかたちでコミュニケーションをデザイン、それが「引き金」となり心を揺さぶり動かし、様々なアクションに結びつくような、そんな作品、想いとプライドを胸に走り続けている。

CM - Japan Gateway Rigaos「登場」(2012) ／CM - Japan Gateway Rigaos「続・お嫁さんのシャンプー」(2014) ／CM - Kubota「壁がある。だから、行く。ベトナムトラクタ」(2017) ／CM - SUPERCELL Clash of Clans「略奪する女」(2015) ／Promotion Movie - NETFLIX (2015) ／MV - 欅坂46「二人セゾン」(©Seed & Flower 合同会社 2016) ／Global Content - SUBARU「Move Forward」(2014) ／Global Content - SUBARU「WRX STI vs StickBomb」(2015) ／CM - ラフォーレ原宿「LAFORET GRAND BAZAR SUMMER 2016」(2016) ／Promotion Movie - PEACH JOHN「女子あるエクサ」(2015) ／Global Content - Sony「h.ear on」(2015) ／Global Content - Sony 8K CLEDIS「Bursting Beauty」(2017)

037/100　ホーダウン　HOEDOWN

E-MAIL／ i@hodwn.com
URL／ hodwn.com
CATEGORY／ MV, CM, TV, PV, Short Film, Documentary Film, Installation, Signage, Web

映像をはじめとしたビジュアルイメージのプランニングからディレクション、撮影、ポスプロまでトータルに行うクリエイティブオフィス。2016年5月、古屋蔵人、後藤武浩、高木考一、たなかともみによって設立。シンプルでエッジの効いた表現を得意とし、無印良品やSONYなど企業映像・インタラクティブ広告をはじめ、MVなどの映像制作、フォトディレクション、デザイン、書籍・カタログ編集など、新技術や流行を取り入れ幅広い活動を行っている。

PV -「Ontennaのこれから」(©Ontenna, 2016)／PV - MUJI to Relax (©Ryohin Keikaku Co., Ltd., 2015)／PV - COOL LEAF by Minebea (©Minebea Co., Ltd., 2013)／PV -「オガールタウン2015」(©OGAL, 2015)／CM -「ふわっとディスコ」(©Lawson, Inc., 2015)／MV - tofubeats「POSITIVE feat. Dream Ami」(©Warner Music Japan Inc., 2015)／Installation - Step onto the Endless Runway – GUCCI Fall/Winter 2014 - 2015 Collection (©Guccio Gucci S.p.A., teamLab, 2014)／MV - chelmico, Night Camel feat. FBI (©cupcake ATM, lute., 2016)／VR Movie - A HOLIDAY WONDERLAND (©Condé Nast Japan., teamLab, 2016)／MV - 環ROY「YES」(©POPGROUP RECORDINGS, 2013)／MV - 環ROY×Taquwami×OBKR「ゆめのあと」(©GAP, 2016)／CM -「松岡修造のC.C.Lemon元気応援SONG」(©SUNTORY, 2015)

038/100　有限会社アイウォズ・ア・バレリーナ　I was a Ballerina

TEL／ +81(0)3 3468 7662
E-MAIL／ iwasaballerina@gmail.com
URL／ www.iwasb.net
CATEGORY／ MV, TV, Short Movie, Web

2004年、ディレクターの夏目現、プロデューサーの渡邊智博らを中心に設立。渡邊正裕、横山航、谷川恵一、井上眞奈が所属。ミュージックビデオやテレビ番組を中心に、ライブ映像、企業映像、Webサイトの企画、アニメ作品のプロデュースなどを手掛ける。社名は、「新しいもの」を作るために、伝統的な芸術である「バレエ」ダンサーになったつもりで作品に取り組むという「温故知新」のような意味を持つ。近年ではNHK Eテレ「ロンリのちから」が話題を呼ぶ。

MV - sumika「MAGIC」(©2016 [NOiD] / murffin discs, 2016)／MV - Czecho No Republic「Electric Girl」(©NIPPON COLUMBIA CO.,LTD., 2016)／MV - Superfly「心の鎧」(©2016 WARNER MUSIC JAPAN INC., 2016)／TV - NHK Eテレ「ロンリのちから」(©NHK, 2013〜2016)／TV - テレビ東京「音流〜 ONRYU 〜」(©TV TOKYO Music,inc., 2013〜)／Short Movie「夕やけだん団」(©Y.D.D, 2016) Filmed by Dynamo Pictures, Inc.

039/100 jitto inc.

TEL / +81(0)3 3585 5510
E-MAIL / info@jitto.jp
URL / jitto.jp
CATEGORY / CM, MV, Movie

Offline + Online + CGで、大変でも面白いのを
やっている。

Web Movie - 「THE WORLD IS ONE -FUTURE-」篇（©TOYOTA GAZOO Racing, 2016）／ CM - BOSS プレボス ザ・マイルド プレミアム「TOKYO」篇（©サントリービジネスエキスパート株式会社, 2016）／ CM - IROHADA「その笑顔を輝かせる肌へ」篇（©ロート製薬株式会社, 2016）／ CM - SUPER MARIO RUN（©Nintendo, 2016）／ CM -「キリン企業 兄の応援」篇（©キリン株式会社, 2016）／ CM - EDWIN JERSEYS「落ち葉の中の格闘」篇（©株式会社エドウイン, 2016）／ CM - TOYOTA HARRIER「H.H第二章」篇（©トヨタ自動車株式会社, 2016）／ CM - キリン午後の紅茶「ティーガール冬」篇（©キリンビバレッジ株式会社, 2016）／ MV - 宇多田ヒカル「二時間だけのバカンス featuring 椎名林檎」（©UNIVERSAL MUSIC, 2016）／ CM - 日清のどん兵衛「どんくさい？」篇（©日清食品, 2016）／ TV - NHK大河ドラマ「おんな城主直虎」オープニング映像（©NHK, 2017）／ MV - きゃりーぱみゅぱみゅ「原宿いやほい」（©株式会社ワーナーミュージック・ジャパン, 2017）

040/100 株式会社 KEYAKI WORKS   KEYAKI WORKS CO.,LTD.

TEL / +81(0)3 3465 6616
E-MAIL / kitajima@keyakiworks.com
URL / www.keyakiworks.com
CATEGORY / Movie, CM, TV, VP, MV, Event Movie, Web

2010年設立。映像ワンパッケージ制作をコンセプトにディレクターとカメラマンが所属。ディレクター4名、編集2名、撮影3名の計9名のスタッフ構成。オリジナリティ性のある企画提案から、演出・撮影・合成やフルCG編集に至るまで社内ワンストップで行うことができ、クオリティの高い作品を提供。映画、CM、TV、VP、MV、イベントと、ジャンルにとらわれず幅広い分野の映像制作で活動中。

CM - レオパレスリゾートグアム「あったかいのは南の島だからだろうか」篇（© 株式会社レオパレス21, 2016）／ TV -「いつかこの恋を思い出してきっと泣いてしまう / count down movie」（©フジテレビ, 2016）／ MV - ポルノグラフィティ「THE DAY」（©SME Records, 2016）

041/100　株式会社カーキ　Khaki

TEL／ +81(0)70 2625 9529
E-MAIL／ info@khaki.tokyo
URL／ www.khaki.tokyo
CATEGORY／ CM, MV, Movie, TV

メンバー全員が演出家でありVFXアーティストであることで、企画から仕上げまで一貫したワークフローを可能にした。CM、MV、アニメーション、プロジェクションマッピング、大型映像、様々な媒体、デバイスに対してVFXをディレクション・デザインしている。

TV - NHK大河ドラマ「真田丸」オープニング (©NHK, 2016) Director: Ryohei Shingu, Branding Movie - Amazon Fashion 01 Manifest Movie (©Amazon, Inc. or its affiliates, 2016) Director: TAKCOM, MV - TOYOTA×水曜日のカンパネラ「松尾芭蕉」(©TOYOTA MARKETING JAPAN CORPORATION, 2016) Director: Tomokazu Yamada, VR Contents - 攻殻機動隊 新劇場版 VIRTUAL REALITY DIVER (© 士郎正宗、Production I.G、講談社、「攻殻機動隊 新劇場版」製作委員会, 2016) Director: Hiroaki Higashi, CM - マシェリ「濃密パールヘアエステ」篇15秒 (© Shiseido Co.,Ltd, 2016) Director: Yuichi Kodama

042/100　キックス　KICKS

TEL／ +81(0)90 1705 7977
E-MAIL／ hori@the-kicks.jp
URL／ www.the-kicks.jp
CATEGORY／ CM, MV, Short Movie

映像作家・長添雅嗣により2016年に設立された映像チーム。ディレクターの他にカメラマン、照明、エディターが所属し各分野で活動。広告だけでなく幅広いメディアで映像を表現する。写真家片平長義、照明技師 横堀和宏、エディター遠藤俊介が所属。

MV - ももいろクローバーZ vs KISS「夢の浮き世に咲いてみな」(©EVIL LINE RECORDS, 2015)／CM - Xperia acro HD「LEDダンス」(©ソニーモバイルコミュニケーションズ, 2012)／CM - Who is Yanmar？(©ヤンマー, 2016)／MV - ももいろクローバーZ「WE ARE BORN」(©EVIL LINE RECORDS, 2016)

043/100　株式会社キラメキ　kirameki inc.

TEL/ +81(0)3 5447 7227
E-MAIL/ kirameki@kirameki.co
URL/ www.kirameki.cc
CATEGORY/ CM, Short Movie, Web, Digital

2004年10月設立。ゼロから企画し広告を制作する会社。国内外のクリエイターをキャスティングし、日本のクライアントや海外のクライアントのニーズに応え、TV-CMやWeb映像から、新聞、雑誌、屋外OOHなどのグラフィック、Webサイトに至るまで、多岐にわたる制作や構築を請け負っている。「物を創る」ということを大切に、ひとつひとつの仕事のクリエイティビティを大切にしている会社。

CM - 「GLOBAL WORK 2016F/W」(Adastria Co., Ltd., 2016) / CM - 「はやぶさデビュー」(East Japan Railway Company, 2011) / Web - 「JAPAN - Where tradition meets the furure」(JNTO 2016) / Web - 「IS JAPAN COOL? ART」(ALL NIPPON AIRWAYS CO., LTD, 2016) / CM - 「ヘーベルハウス 白い箱」篇 (AsahiKASEI Homes, 2011) / Web - 「Faucet Feel the touch」(TOTO, 2015) / Web - 「MINICAR GO ROUND」(SUBARU, 2015) / Web - 「TOYOTA DREAM CAR」(TOYOTA MOTOR CORPORATION, 2014) / Web - 「Bemberg - It feels so precious.-」 AsahiKASEI, 2015)

044/100　空気　KOO-KI

TEL/ +81(0)92 713 4815
E-MAIL/ koo-ki@koo-ki.co.jp
URL/ www.koo-ki.co.jp
CATEGORY/ CM, PV, MV, Drama, Animation, App

1997年、福岡市にて設立。国内外の映像（CM、PV、VI、ドラマ、TVアニメ、アプリ、キャンペーンなど）を手掛ける。エンターテイメント性の高い世界観に定評があり、国内外で受賞多数。実写・CGなど幅広い表現手法を持ち、企画・演出・アートディレクション・クリエイティブディレクション・制作を行う。CGは2D・3Dを問わず、モーショングラフィックス、キャラクターアニメーションに高いスキルを誇る。

CM - マルイ「マルコとマルオの7日間」(©MARUI Co.,Ltd., 2015) Director: 木綿達史 / PV - TOYOTA PHV「driving the piano」(©TOYOTA, 2016) Director: 上原桂 / CM - 西日本鉄道「西鉄グループ バス運転士募集」(©NISHI-NIPPON RAILROAD CO.,LTD., 2016) Director: 池田一貴 / OP - コナミデジタルエンタテインメント「実況パワフルプロ野球2016 オープニングムービー」(©Konami Digital Entertainment, 2016) Director: 白川東一

045/100

TEL/ +81(0)3 6303 0254
E MAIL/ info@hotzipang.co.jp
URL/ hotzipang.co.jp
CATEGORY/ CM, MV, Web, Animation, OOH

ホットジパング

アニメからVR・ARまで幅広いクリエイティブ活動を行うクリエイター・ディレクター集団。またクリエイター・アーティストのマネージメント・

HOT ZIPANG

プロダクションまでを包括することにより、より生産性の高いクリエイティブ・ソリューションを提供。

MV - MIYAVI -「Afraid To Be Cool」（©Universal Music, 2016）／ OOH - 高野山1200年の光（©Cosmic Lab Co., Ltd., 2015）／ Live Visual - MIYAVI Studio live from FireBird（©Universal Music, 2016）／ Live Visual - MIYAVI Japan Tour 2016, NEW BEAT, NEW FUTURE（©Universal Music, 2016）／ TV-CM - EST PINK BARGAIN（©Est, 2016）／ CM - SHISEIDO ULTIMUNE（©Shiseido, 2016）／ CM - Airbnb（©Airbnb, 2016）／ PV -「踊る！早稲田大学　1分キャンパスツアー」（©Waseda Univ., 2016）／ TV-CM - SUNSTAR x TOBIUO JAPAN（©SUNSTAR, 2016）／ MV - Sasanomaly「タカラバコ」（©Sony Music, 2016）／ CM - 婦人公論センパイ（©CHUO-KORON-SHINSHA, INC., 2016）／ OOH - GUCCI 4 Rooms "Wards Room" by Daito Manabe（©Guccio Gucci S.p.A., 2016）

046/100

TEL/ +81(0)3 6434 0273
E-MAIL/ info@light-the-way.jp
URL/ light-the-way.jp
CATEGORY/ CM, MV, Web Movie, VP, CI (Motion Logo), Short Movie

株式会社ライト・ザ・ウェイ

ディレクター西澤岳彦によって2016年に設立されたデザイン会社。心地よい動きを追求したアニメーション表現と、コンセプチュアルな演出を得意とし、プロジェクトごとにチームを編成して制作にあたっている。実写からインフォグラフィ

LIGHT THE WAY Inc.

クスまで手法を問わず、想いを伝える表現を作り出している。またTV-CM、Web映像、VPといった映像に限らず、Webやグラフィックなどのアートディレクションも手掛けている。受賞歴として、CANNES LIONSシルバー賞などがある。

Web Movie - カロリーメイト「3 minutes Calorie Mate」篇（©Otsuka Pharmaceutical Co., Ltd., 2013 - 2017）Director: Kei Ohta, Animation Director : Takehiko Nishizawa ／ CM - 母娘三代「もも の花」篇（©ORIGINAL, 2016）Director: Takehiko Nishizawa ／ PR Moive - 三菱スマートフォン連携ディスプレイオーディオ（©MITSUBISHI MOTORS CORPORATION, 2017）Director: Takehiko Nishizawa

047/100　株式会社リキ　LIKI inc.

TEL/　+81(0)3 6412 7285
E-MAIL/　info@likiinc.com
URL/　www.likiinc.com
CATEGORY/　CM, Web Move, VP, MV

CM、MV、ライブ・イベント映像、Webムービーなど、近年加速度的に増えてゆくあらゆる映像メディアにおいて、モーショングラフィックスやCGを中心に据え、トータルでデザインされたムービーを提供している。単なる映像ではない、

時間に沿ったデザイン。映像でしか表現できないビジュアルを。映像が必要なひとに必要な映像を。それも良質なデザインされた映像を。そんな映像を世の中に送り出すことを目指している。

MV - UWAKIMONO- (SuG 武瑠)「HELLYEAH」(©PONY CANYON INC., 2014) ／ Web - DUP Nail「Nail Selection」篇(©株式会社ディー・アップ, 2016) ／ CM - McDonald's「選べる昼マック」篇(©日本マクドナルド株式会社, 2015)

048/100　Lili

TEL/　+81(0)3 5778 4367
E-MAIL/　lili@epoch-inc.jp
URL/　epoch-inc.jp/member/lili
CATEGORY/　VFX, CG, CM, MV, Short Movie

演出と密接に融合したアーティスティックなVFX映像を制作・監修するVFXディレクターズコレクティブ。VFXの総合監修、VFXが関わる

演出業務、映画、TV-CMからMV、大規模映像コンテンツまで、あらゆる範囲を得意とする。

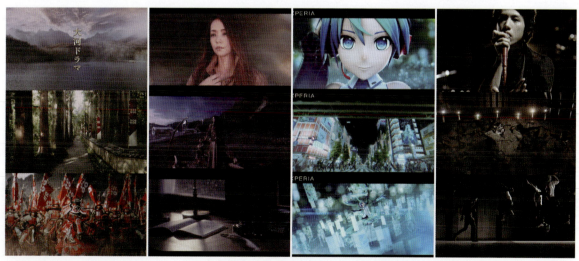

TV - NHK大河ドラマ「真田丸」オープニングタイトル(©NHK, 2016) ／ MV - 安室奈美恵「Dear Diary」(©Dimension Point, 2016) ／ CM - Xperia / VOICES tilt-six Remix feat. Miku Hatsune スペシャルムービー (©Sony Mobile Communications Inc., 2016) ／ MV - ONE OK ROCK / Mighty Long Fall MV(©Amuse Inc., 2014)

049/100

TEL/ +81(0)3 5452 0051
E MAIL/ lud_mail@ludens.co.jp
URL/ http://www.ludens.co.jp
CATEGORY/ CM, Movie, VP, MV

株式会社ルーデンス

1990年設立。各種PR映像やゲーム映像を手掛けた後、2000年『サッポロ黒ラベル温泉卓球』篇のCGを手掛けたことで実写合成系のCMへと軸足を移行。『嫌われ松子の一生』『パコと魔法の絵本』『告白』『渇き。』といった映画も手掛ける。

Ludens Co.,Ltd.

「CGは画づくりである」というキーワードのもと、クオリティ追求を第一にMaya、3ds Max、Houdiniなどを使用して小規模ながらプランニングから演出・VFXスーパーバイズまで幅広くこなす体勢がある。

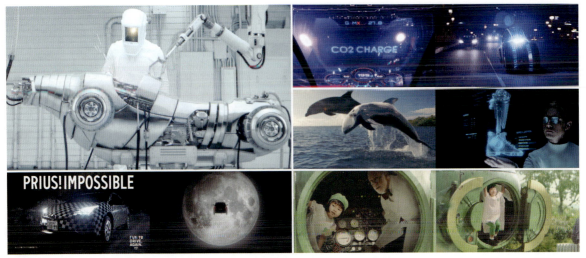

Web - 「コーポレートブランドムービー」(©Yamaha Motor Co., Ltd., 2017) ／CM - TOYOTA PRIUS「月世界」篇 (©Toyota Motor Corporation, 2016) ／CM - グリーンダカラ「グリーンダカラちゃん未来へ行く」篇 (©Suntory, 2016)

050/100

TEL/ +81(0)3 6459 3391
E-MAIL/ info@maedaya-honten.com
URL/ http://www.maedaya-honten.com
CATEGORY/ CM, MV, Short Movie, Web, Pizza

株式会社 前田屋

映像制作を中心に、グラフィック制作、ピザ窯制作、ピザ焼き、子育てクリエイターママたちと育児と仕事を楽しむプロジェクト、訪日外国人と友達になるインバウンドベンチャー、東北の漁師を増やすプロジェクトなど。相談されたことを、何

MAEDAYA.INC

でも楽しく変換できないか考えてしまう会社。映像以外の人たちとの活動が、割と映像制作に活かされているか？いないのか？？？
社訓「楽しいほうを選ぶ。」

Short Film - DFT「STORY TO TELL」(©DFT, 2016)

051/100　マーク　MARK

TEL/ +81(0)3 6278 8297
E-MAIL/ info@mark-inc.jp
URL/ mark-inc.jp
CATEGORY/ CM, MV, Movie, Web Movie

2017年の夏に5周年を迎える映像プロダクション♪。これまではノンチリアルなハイエンドCG制作に特化して活動してきたが、去年あたりからVRなど新しい表現への取り組みも行っている。時代の表層に流されず、地に足の着いた映像制作を続けると共に、より一層チャレンジングな活動をしていきたいと考えている。「MARK Ver.2.0」にご期待ください。

MV - サカナクション「多分、風。」(©NF Records, 2016) ／ CM - DUNLOP WINTER MAXX「冬の相棒」篇 (住友ゴム工業株式会社, 2015) ／ CM - Canon DESIGN CUBE NEW PIXUS (キヤノンマーケティングジャパン株式会社, 2016) ／ MV(VR)「Quicksand」(one little indian Ltd/wellhart Ltd, 2016) ／ MV-攻殻機動隊 ARISE ALTERNATIVE ARCHITECTURE 主題歌 坂本真綾 コーネリアス「あなたを保つもの」(©FlyingDog, 2015) ／ MV - TOWA TEI「SOUND OF MUSIC with UA」(©hug inc, 2015)

052/100　maxilla

TEL/ +81(0)3 5829 6856
E-MAIL/ info@maxilla.jp
URL/ maxilla.jp
CATEGORY/ MV, CM, Web, Graphic Design, Installation

2009年、東京を拠点に設立。映像表現にとどまらず、あらゆる技術を柔軟な発想により咀嚼し発信。国内外を問わず様々なクライアントと多様な表現形態にて作品を制作している。社内に実験チームである「maxillacult」を組織し技術開発を行い、そこで生まれたアイデアを制作フローにフィードバックしている。

MV - Suchmos, MINT (©SPACE SHOWER NETWORKS Inc., 2016) MTV VMAJ 2016「BEST NEW ARTIST VIDEO」受賞 ／ MV - Crossfaith, RX Overdrive (©Sony Music Labels Inc., 2016) MTV VMAJ 2016「BEST METAL VIDEO」ノミネート ／ VP - SONY, BRAVIA Design philosophy - Slice of Living - (©Sony Visual Products Inc., 2016)

053/100

TEL／ +81(0)3 5414 2112
E-MAIL／ info@mazri.com
URL／ mazri.com
CATEGORY／ MV, Live Movie,
Short Movie, Feature Film, CM,
etc.

株式会社 祭

"音楽が見える。映像が聞こえてくる。"
MV、ライブパッケージ、スクリーンビジュアルといった音楽映像を主軸に、アド・コンテンツ、各種エンターテインメント作品の企画提案から制作、運用までを行う。多彩なクリエイターとプロ

MAZRI Inc.

ダクションが連携をとり、幅広く楽しめるコンテンツ制作を目指し、"心に響く創造"を使命として活動している。"Happy, Peace, Love"をモットーに、常に情熱と感謝の気持ちを持って挑戦し続けていく。

Opening Sequence -「とと姉ちゃん」(©NHK, 2016) Director: Junko Ogawa ／ MV - KANA-BOON「Wake up」(©Sony Music Labels Inc., 2016) Director : Santa Yamagishi ／ Live, BD - BUMP OF CHICKEN「STADIUM TOUR 2016 "BFLY" NISSAN STADIUM 2016／7／16,17」(©TOY'S FACTORY INC., 2016) Director: Shuichi Bamba

054/100

TEL／ +81(0)3 5790 5191
E-MAIL／ info@naked.co.jp
URL／ naked-inc.com
CATEGORY／ Event, Projection
Mapping, Space Design,
Show&Live, Short Film, MV, CM, VP

ネイキッド

1997年、村松亮太郎を中心に、映像ディレクター、デザイナー、CGディレクターなどが集まり設立されたクリエイティブカンパニー。メディアやジャンルを問わず、映画、広告、TV、インスタレーションなど様々なクリエイティブ活動を続ける。

NAKED Inc.

また、近年は東京駅の3Dプロジェクションマッピング「TOKYO HIKARI VISION」(主催：東京ミチテラス2012実行委員会)など、プロジェクションマッピングをはじめとした空間の総合演出を手掛けている。

Event-「FLOWERS by NAKED」(2016) ／ Event-「SWEETS by NAKED」(2016) ／ Event-「TOKYO ART CITY by NAKED」(2016) ／ Event-「STAR LIGHT FANTASIA by NAKED」(2016) ／ Event-「Winter Night Tour -STARS BY NAKED-」(2016) ／ Dolphin Show-AQUA PARK SHINAGAWA「Crystal Snow Dome」(2016)

055/100　株式会社 二番工房　NIBAN-KOBO PRODUCTIONS CORP.

TEL／ +81(0)3 3544 88/1
URL／ www.niban.co.jp
CATEGORY／ CM, Web Movie, PV, VR

1974年設立。創業以来、映像制作に対する情熱と高い技術をもったプロフェッショナル集団としての「工房」を目指している。近年ではTV-CMを中心に、Web動画、PV、Webサイト制作、VR、デジタルコンテンツ制作などその活動領域を広げている。長年培われたプロダクションスキルを活かし、多様化するメディアのニーズに積極的に対応するだけではなく、様々な施策の提案なども行っている。

CM - 三井不動産「世界が見ている」篇 (2016) ／ CM - 日立製作所「30年の出会い」篇 (2017) ／ CM - JR九州 九州新幹線「秋」篇 (2016)

056/100　株式会社 NISHIKAIGAN　NISHIKAIGAN CO.,LTD.

TEL／ +81(0)3 6447 1093
E-MAIL／ info@nishikaigan.jp
URL／ www.nishikaigan.jp
CATEGORY／ MV, CM, Short Movie, Graphic

渋谷区千駄ヶ谷に拠点を置くCGデザイナー、モーショングラファー、VFXコンポジター、マットペインター、グラフィックデザイナーで構成されたクリエイティブユニット。VFXとモーショングラフィックスを中心に、CM、MV、CI、ステーションID、タイトル、ゲームオープニング、エディトリアルなどのデザイン・制作を行っている。

CM - SAMURAI NOODLES (©NISSIN FOODS HOLDINGS CO.,LTD. All Rights Reserved., 2016) ／ MV - Perfume FLASH (©amuse, 2016) ／ CM - オロナミンC「ハツラツタワーのある街」篇 (©Otsuka Pharmaceutical Co., Ltd., 2016) ／ CM - HOME'S「綱渡り」篇 (©NLXI Co.,Ltd. All Rights Reserved., 2016) ／ CM - ChouChou!「わたしはChouChou!」篇 (©日本生命保険相互会社, 2016) ／ CM - イオン クッション®「ウルトラCAREする、クッションファンディ！」篇 (©Flow Fushi Co., Ltd. All Rights Reserved., 2016)

057/100

ノースショア株式会社　northshore Inc.

TEL/　+81(0)3 5544 8741
E-MAIL/　info@north-s.co.jp
URL/　www.north-s.co.jp
CATEGORY/　CM, MV, Short Movie, Web, Graphic, Design, Digital Promotion

クライアントから真の課題を聞き出し、戦略的なストーリーを構築する「アカウントプランナー」、課題解決のアイデアを生み出す「クリエイター」、アイデアを実現する「エンジニア」、プロジェクトをまとめる「プロデューサー」を擁する。メディアニュートラル戦略に基づき、映像やグラフィック、デジタル、アクティベーションなどの企画・コンテンツ制作を行うクリエイティブブティック。

Web Movie - 花王「おうちの中のお月さま」(© 花王, 2016) ／ Web Movie - Panasonic「NEYMAR JR. and WORLD'S CRAZY SKILLS」(©Panasonic, 2016) ／ CM - LOHACO「ロハコな暮らし」篇(©アスクル株式会社, 2015) ／ CM - モンスト「絶対反射主義」篇(© 株式会社ミクシィ, 2016)

058/100

November, Inc.

TEL/　+81(0)80 3361 7729
E-MAIL/　info@novtokyo.com
URL/　novtokyo.com
CATEGORY/　Documentary, Short Film, Web Film, CM, MV

2015年11月、山田翔太、柘植泰人、井手内創の3名が設立したフィルムスタジオ。ドキュメンタリーを中心に自社でのオリジナルコンテンツ制作を行う傍ら、企業ブランディングやプロモーション、ショートフィルム、TV-CMなどの広告映像を制作。宇多田ヒカル「真夏の通り雨」でMTV VIDEO MUSIC AWARDS JAPAN 2016 BEST VIDEO OF THE YEARを受賞。

MV - 宇多田ヒカル「真夏の通り雨」(©UNIVERSAL MUSIC, 2016) ／ Documentary -「TAKEOVER」(©November, Inc., 2016) ／ Short Film -「Modrý」(©November, Inc., 2016)

059/100　オッドジョブ　ODDJOB

TEL/　+81(0)3 6407 8739
E-MAIL/　info@oddjob.jp
URL/　oddjob.jp
CATEGORY/　TV program, MV, CM, Short Movie, Web

2004年に音楽レーベルODDJOB RECORDSとして設立。のち、映像制作に軸足を移し、様々なメディアで主としてアニメーションを用いた表現に取り組んでいる。ワンストップで完結できるクリエイティブ集団として、シナリオ制作、キャスティング、キャラクターデザイン、音楽制作なども含めてトータルにプロデュース。国内外に渡る独自のネットワークを通じて、多種多様な表現を発信する。

TV Program - NHK Educational TV「ゴー！ゴー！キッチン戦隊クックルン」（©NHK, 2017）／TV Program - NHK「みんなのうた『まゆげダンス』」（©NHK, 2017）／TV Program - TBS「クイズ☆スター名鑑」（©TBS, 2017）／MV - Mad Decent / Good Enuff「ヴィジュアライザー」（©Mad Decent, 2016）／TV Program - TBS「水曜日のダウンタウン」（©TBS, 2017）／MV - BADBADNOTGOOD「スピーキング・ジェントリー」（©Innovative Leisure, 2016）

060/100　株式会社オムニバス・ジャパン　OMNIBUS JAPAN Inc.

TEL/　+81(0)3 6229 0602
URL/　www.omnibusjp.com/supersymmetry
CATEGORY/　Movie, TV, CM, MV, CR, Web, Event, Installation, AR/VR, Animation, Game Picture-Story Show, ID

フォトリアルCGやVFXだけでなく、モーショングラフィックスの企画・演出のGraphics Div.をいち早く立ち上げ、CI、タイトルバック、オリジナルアート作品などで多くの実績がある。広告CIやブロードキャストの分野ではブランディングから参加。実験的な表現に挑んできた。近年では球体ディスプレイ・マルチスクリーンなど作品を制作ソフトから開発し発表。データビジュアライゼーション、素粒子物理学の理論の可視化などのサイエンスアートにも取り組んでいる。

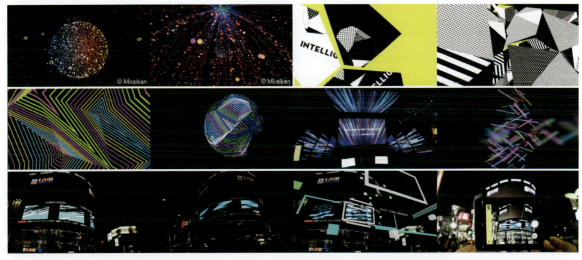

3D Fulldome Movie - 日本科学未来館3Dドーム映像作品「9次元からきた男」（©Miraikan, 2016）／Opening -「ADFEST2016」（©ADFEST2016, 2016）／Opening - 球体スクリーンインスタレーション「eAT 2016 in KANAZAWA」（©2016 eAT, 2016）／Multi Screen Installation -「1st Live Entertainment & Event Expo」（©OMNIBUS JAPAN Inc., 2014）／AR - AR連動大型ビジョン作品「Exist Simultaneously」新宿クリエイターズ・フェスタ2016 ユニカビジョン（©superSymmetry OMNIBUS JAPAN Inc., 2016）

061/100

株式会社トリプル・オー　OOO = triple-O

TEL/　+81(0)3 57710050
E-MAIL/　ooo@ooo-jp.com
URL/　www.ooo-jp.com
CATEGORY/　TV CM, TV Program,
Music Video, Web Movie, Event Movie

映像、写真、プロダクトデザイン、グラフィックデザインを中心に活動するクリエイティブ・プロダクション。企画から撮影・映像制作やデザインのフィニッシュまで企画・管理・制作を一環して行っているため、スピーディに対応しつつクオリティを追求している。

MV - 三浦大知「Cry&Fight」(©AVEX MUSIC CREATIVE INC., 2016) / TV - ノイタミナ「すべてがFになる」オープニング(©森博嗣・講談社/「すべてがFになる」製作委員会, 2015) / MV - SEKAI NO OWARI「Dragon Night」(©TOY'S FACTORY Inc. / TOKYO FACTORY, 2015) / MV - GLAY「HEROES」(©loversoul Co., Ltd., 2015) / MV - 星野源「SUN」(©Victor Entertainment, Inc, Amuse, 2015) / MV - 水曜日のカンパネラ「マッチ売りの少女」(2015) / MV - 木村カエラ「TODAY IS A NEW DAY」(©Victor Entertainment, Inc, 2014) / ソチ五輪番組オープニング(©NHK, 2014) / MV - MAN WITH A MISSION「Emotions」(©CROWN STONES/NIPPON CROWN CO., LTD, 2013) / TV - 連続テレビ小説「ごちそうさん」タイトルバック(©NHK, 2013) / MV - 福山雅治「GAME」(©UNIVERSAL MUSIC LLC, Amuse, 2012) / MV - サカナクション「アルクアラウンド」(©Victor Entertainment, Inc, HIP LAND MUSIC, 2009)

062/100

株式会社ピクス　P.I.C.S. Co., Ltd.

TEL/　+81(0)3 37918855
E-MAIL/　post@pics.tokyo
URL/　www.pics.tokyo
CATEGORY/　OOH, Advertise,
Contents, Music, Broadcast

2000年設立以来、常に新しい映像表現の可能性を追求・発信。近年では既存メディアの枠を超え、3Dプロジェクションマッピング、インタラクティブコンテンツ、VR、ARなどの最新技術を駆使し、エンターテインメント・コンテンツ全般にその領域を広げている。また時代の映像作家／ディレクターをマネジメントし、常に高品質なプロデュースを目指している。

VR - Björk「Quicksand」(one little indian Ltd / wellhart Ltd, 2016) A&P: Dentsu Lab Tokyo+P.I.C.S. / Show - 東京スカイツリー ®「SKYTREE ROUND THEATER®」第一弾プログラム「WIPE UP」(©TOKYO-SKYTREE, 2016) Produce: DNP / P.I.C.S. / Museum - INPEX MUSEUM (©INPEX CORPORATION, 2015) Total Produce: P.I.C.S. / Projection Mapping - 東京ビッグサイトプロジェクションマッピング「MUSICAL CLOCK」(©Tokyo Big Sight Inc., 2014) / Web - H BEAUTY&YOUTH Special Movie (©UNITED ARROWS LTD., 2016) Produce: GINZA MAGAZINE (Magazine House, Ltd.) , Art Director: Yosuke Abe (the ltd.) , Production: P.I.C.S. / Web - TOYOTA ESTIMA Sense of Wonder 好奇心を、動かそう。(©TOYOTA MOTOR CORPORATION, 2016) Agency: Dentsu, Production: amana+P.I.C.S. / CM - カップヌードル「CUP NOODLE XV」篇 (©2016 SQUARE ENIX CO., LTD All Rights Reserved. MAIN CHARACTER DESIGN: TETSUYA NOMURA / ©2016 NISSIN FOODS HOLDINGS CO., LTD. All Rights Reserved.) Agency: Dentsu, Production: P.I.C.S. / Promotion Movie - NHK リオデジャネイロパラリンピック プロモーション映像「限界を、更新せよ。」(©NHK, 2016) Client & Lead Creative Direction: NHK, Production: P.I.C.S. / MV - Perfume「Pick Me Up」(©AMUSE Inc., 2016) / MV - 欅坂46「サイレントマジョリティー」(©Seed & Flower 合同会社, 2016) / MV - 星野源「恋」(©2016 SPEEDSTAR RECORDS) / Movie - 劇場版タイムスクープハンター 安土城最後の1日 (©2013 TSH Film Partners)

063/100　PARABOLA

TEL／　+81(0)3 5456 2151
E-MAIL／　contact@parabola.pw
CATEGORY／　CM, Web Movie, MV, VR, Promotion, etc.

ディレクターとプロデューサーからなる太陽企画のクリエイティブユニット。相談事から大きなプロジェクトまで、あらゆる領域のコンテンツやビジネスの企画・プロデュースとクリエイティブディレクションを行う。

Web Movie - トントンボイス相撲（©世界ゆるスポーツ協会, 2016）／ Opening Movie - スポーツ・文化・ワールド・フォーラム（©文部科学省, 2016）／ Promotion Movie - 長岡花火 Message of Peace（©長岡市, 2016）／ APP - Linkpon（©TAIYOKIKAKU co.,ltd. 2016）／ Making Movie - マジョル画（©Shiseido Co.,Ltd. All Rights Reserved., 2016）／ Interactive Movie - 受信料長州力（©NHK, 2016）／ VR - JACK DANIEL'S VR（©JACK DANIEL'S TENNESSEE WHISKEY, 2016）／ Web Movie - 婦人公論センパイ（©中央公論新社, 2016）／ Promotion Movie - 広島県民体操（©中国新聞, 2016）／ Web Movie - 高知家「爺POP」（©高知県, 2016）／ Event Produce - 百花繚乱～トーキョー大茶会～（©PARABOLA, 2016）

064/100　株式会社 パラゴン　PARAGON

TEL／　+81(0)3 3444 3910
URL／　www.paragonbaby.com
CATEGORY／　CM, GR, Web, SNS, Digital Solution

1972年、写真家 横須賀功光が創設。創業以来、資生堂の広告を数多く手掛ける。広告が論理的に生み出される時代の中にあって、論理を超えた鮮烈なビジュアルや言葉で見る人の心を揺さぶり、その人の中に新しい価値を生み出す。2016年、クリエイティブ戦略室を始動。最先のテクノロジーを駆使したデジタル戦略を担う。デジタルの追求はアナログのチカラの再発見でもある。「原点と最新」の両方の中に、予期せぬ魅惑的な未来は潜んでいる。

CM - 資生堂「INTEGRATE」（©Shiseido Japan Co.,Ltd., 2016）／ CM - セブン-イレブン・ジャパン「おでん」（©SEVEN-ELEVEN JAPAN CO.,LTD., 2016）／ CM - 伊藤園「お～いお茶 濃い茶」（©ITO EN, LTD., 2016）

065/100

株式会社パーティー
PARTY

TEL/ +81(0)3 5489 2901
E-MAIL/ info@prty.jp URL/ prty.jp
CATEGORY/ AR, BigData, Campaign, CI, Film, Installation, Interactive Art, Interactive TV, IoT, Mobile App, Motion Graphics, MR, MV, Sensor Fusion, Service, Space Design, TV program, VR, Website, Product

東京とニューヨークにオフィスを構え、日本のみならず、世界の様々な課題やクライアントのニーズに対応。「ビッグデータ」「VR」「IoT」などの最新テクノロジーとストーリーテリングを融合し、未来の体験をデザインする。通常のクリエイティブ・プロセスにとらわれることなく、よく「知らない」業界や才能を持った人々をよく知り、まだ世の中が「知らない」表現を作りたいと考えている。

Web - 「GREEN NAME」(©Kirin Company, Limited, 2015) Motion Graphics: Caviar

066/100

プラモブ
PLAMOV

E-MAIL/ info@plamov.com
URL/ plamov.com
CATEGORY/ MV, CM, Short Movie, Web, Graphic, APP UI, Wording

kubotabee、UKYO Inaba、HISHO、Chiojima Dii、須賀原みちからなるクリエイティブ・ユニット。映像作家や映像ディレクターだけにとどまらず、アニメーターやデザイナー、ライターといった幅広いクリエイターを擁し、それぞれの得意分野を持ち寄りながら、映像、アニメーション、グラフィック、Web、App UIなど、ジャンルをまたいだ企画・制作を行っている。

CM - ドラゴンクエストモンスターズ スーパーライト「TVCM 仲間になりたそうにこちらを見ている 篇①」(©SQUARE ENIX CO., LTD., 2016) Director: UKYO Inaba ／ MV - livetune adding 中島愛「Transfer」(©TOY'S FACTORY, 2012) Character Design+Animation Director: kubotabee ／ MV - amazarashi「季節は次々死んでいく」(©SONY MUSIC, 2015) Director: UKYO Inaba

067/100　パワーグラフィックス　POWER GRAPHIXX inc.

TEL／　+81(0)3 6416 9982
E-MAIL／　support@power-graphixx.com
URL／　www.power-graphixx.com
CATEGORY／　MV, CM, CI, Station ID, Title Package, Short Movie

1996年結成。東京を拠点にアートディレクション・グラフィックデザイン・モーショングラフィックス・プロダクトデザインと幅広い分野のアートワークを手掛けるデザインスタジオ。主なクライアントワークとして『GET SPORTS』(テレビ朝日)、『MTV ZUSHI FES 14』(MTV)、『グッと！スポーツ』(NHK)、『SPACE SHOWER TV Presents SPRING BREEZE』(SPACE SHOWER TV) などがある。

Title Package - 「発掘！お宝ガレリア」(NHK, 2016) ／ Title Package - 「ねほりんぱほりん」(NHK, 2016) ／ Title Package - 「SPACE SHOWER SWEET LOVE SHOWER 2016」(©SPACE SHOWER NETWORKS INC., 2016)

068/100　株式会社 パズル　puzzle inc.

TEL／　+81(0)3 3436 3255
URL／　puzzle-inc.jp
CATEGORY／　CM、PV

TV-CMやプロモーションビデオを手掛ける広告制作会社。

Web Movie - 「3.11」(©puzzle inc., 2016) ／ TV-CM, Web Movie - 2nd STREET「STORY of 2nd STREETー家族とダイニングテーブルー」篇 (株式会社ゲオホールディングス, 2016) ／ CM - MUSIC SAVES TOMORROW「SPERM DANCE」篇 (株式会社スペースシャワーネットワーク, 2012)

069/100 株式会社コトリフィルム　Qotorifilm Inc.

TEL/　+81(0)3 4283 4275
E-MAIL/　info@qotori.com
URL/　www.qotori.com
CATEGORY/　MV, CM, Short Movie, Web

2008年設立の映像ディレクションカンパニー。映像ディレクターとして島田大介、鎌谷聡次郎佐渡恵理、吉開菜央が所属。CM、MV、Web ムービー、ショートフィルムなどを手掛ける。アートディレクションされた色設計、絵作りを得意とし、最近は海外のプロジェクトにも活動の幅を広げている。

Web CM - マルコメ「世界初かわいい味噌汁」(©marukome co.,ltd.,2016) ／ MV -「ナブコちゃん／ウィンウィン」(©ナブテスコ株式会社, 2016) ／ MV - Perfume「Cling Cling」(©AMUSE Inc., 2014) ／ MV - さユり「フラレガイガール」(©Sony Music Labels, 2016)

070/100 Rhizomatiks

TEL/　+81(0)3 5789 9929
E-MAIL/　info@rhizomatiks.com
URL/　rhizomatiks.com
CATEGORY/　Installation

2006年に設立。技術と表現の新しい可能性を探求するR&D・メディアアート部門「Research」、空間の在り方を創り変える部門「Architecture」、そして課題を発見し解決へと導く「Design」により構成される。メディアアート、エンジニアリング、建築、音楽など、様々なバックグラウンドを持つメンバーが在籍し、Webから空間におけるインタラクティブ・デザインまで、幅広いメディアをカバーする高い技術力と表現力を併せ持つ稀有なプロダクション。

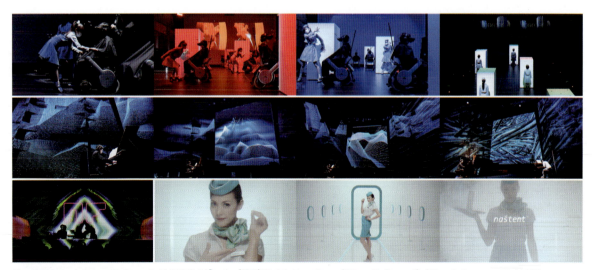

Stage Performance - Rhizomatiks Research x ELEVENPLAY「border」(2015) Photo by Muryo Homma(Rhizomatiks Research) ／ Stage Performance - ON_MYAKU (©bozzo) 初演・写真提供：東京文化会館 ／ Live - NF ／ Web CM -「ナステント」Client: セブン・ドリーマーズ・ラボラトリーズ, Director: 本間無量(Rhizomatiks), Sound: 黒瀧節也(Rhizomatiks)

071/100　株式会社ロボット　ROBOT

TEL / +81(0)3 3760 1171
E-MAIL / webmaster-ml@robot.co.jp
URL / www.robot.co.jp
CATEGORY / Feature Film, TV-CF, Animation, App/Game, Website, Virtual Reality, Graphic Design, Character Design

1986年、TV-CMとグラフィックデザインの制作プロダクションとしてスタート。広告のみならずエンタテインメントへとフィールドを広げ、映画、アニメ、デジタルコンテンツなども手掛ける。2016年、空間移動型ヴァーチャルリアリティのトータル開発を行うべく、㈱Wise、㈱A440とともに㈱ABALを設立。また、グループ会社IMAGICAと、8K（Super Hi-Vision）コンテンツ制作に着手するなど、映像エンタテイメントのアドバンス領域にも取り組む。

Movie - 「ちはやふる -上の句-」（©映画「ちはやふる」製作委員会©末次由紀/講談社, 2016, DVD&Blu-ray 発売中） / Movio - 「3月のライオン」（©映画「3月のライオン」製作委員会, 2017, 前編 2017.3.10　後編 2017.4.22 公開） / Movie - 「22年目の告白 -私が殺人犯です-」（©映画「22年目の告白 -私が殺人犯です-」製作委員会, 2017, 2017.6.10 公開） 8K(Super Hi-Vision) / Short Film - 「LUNA」（©ROBOT, 2016） / Movie - 「海賊とよばれた男」（©「海賊とよばれた男」製作委員会 ©百田尚樹/講談社, 2016, 2016.12.10 公開） / Movie - 「後妻業の女」（©「後妻業の女」製作委員会, 2016, DVD&Blu-ray 2017.3.15 発売） / Virtual Reality System - 「ABAL」（©ABAL, 2016）

072/100　ロックンロール・ジャパン株式会社　ROCK'N ROLL, JAPAN K.K.

TEL / +81(0)3 3498 6960
E-MAIL / info@6960.jp
URL / 6960.jp
CATEGORY / CM, Short Movie, Web, MV, GR

少数精鋭にして唯一無二。メンバーひとりひとりが高度なプロフェッショナル。クリエイティブ・プロダクションとして完成度の臨界点を目指す。かつて見たことも聞いたこともない新しさと価値がある「感動的な」最高の作品を、最高の能力と最高の方法で創造する。今、この瞬間生きている実感を、生きている喜びを、ココロを揺さぶる感動を、ひとりでも多くの人たちと分かち合う。ROCK'N'ROLL.

CM - 1 more Baby応援団「ふたりめ会議」篇（©タマホーム, 2014） / CM - G's AQUA「baseball party」篇（©トヨタマーケティングジャパン, 2015） / MV - E-girls「STRAWBERRY サディスティック」(2016) / CM - SAGAMI ORIGINAL 0.01「Act of Love」篇（©相模ゴム工業, 2016）

073/100　株式会社 ランハンシャ　Run-Hun,sha Co.,Ltd.

TEL/　+81(0)92 406 7406
E-MAIL/　shimoda@run-hun.co.jp
URL/　run-hun.co.jp
CATEGORY/　CM, MV, Projection Mapping, Web Movie

2013年設立。CMやMVなどのCGを得意とする映像制作プロダクション。拠点は福岡だが全国的に映像制作を展開している。九州ではプロジェクションマッピングの草分けで、とくに自社の得意とするハイエンドなCGを駆使した緻密で立体感のある表現が特徴。巨人建築物から、脳波を使用したインタラクティブ映像や温泉、博多人形といった伝統工芸品に至るまで多様なマッピングコンテンツを制作。企画からハード設計・設営までトータルで映像空間を演出する。

Projection Mapping - 「ゆけ、シンフロ部！おんせん県Uターン促進ムービー Future」(©T&E, 2016) ／ Projection Mapping - 「Tokyo Big Sight 20周年記念」(©IMAGE SCIENCE, 2016) ／ Projection Mapping - 「軍艦島デジタルミュージアム Amaging HASHIMA」(©Zero-Ten, 2016) ／ Ineteractive Movie - 「Brain tells more.」(©BBDO J WEST, 2015)

074/100　サンカク　sankaku

E-MAIL/　zuga.sankaku@gmail.com
URL/　sankaku-works.org
CATEGORY/　Animation, MV, CM, Interactive Contents, Graphic Design

2011年より活動開始。アニメーション＋モーショングラフィックスを軸に、TVアニメオープニング・エンディング、アパレル・広告媒体の映像、MV、TV番組やCMのアイキャッチやAR・VR・サイネージなどの展示映像まで、様々なジャンルの映像を制作・ディレクションするクリエイティブ集団。プロジェクトごとに最適なメンバーとチームを組むことで、クオリティの高い作品を作り出している。

TV Animation - 「ユーリ!!! on ICE オープニング」「ユーリ!!! on ICE エンディング」(©はせつ町民会／ユーリ!!! on ICE 製作委員会, 2016) ／ MV - Her Ghost Friend「アイスプラネット」(2013) ／ MV - Kidkanevil ft. Cuushe & Submerse「Butterfly/Satellite」(2014) ／ Interactive Contents Video - One day in Tokyo @ Peter / The Peninsula Tokyo (2015) ／ TV Animation - 「東京喰種√A オープニング」(©石田スイ／集英社・東京喰種製作委員会, 2015) ／ Short Animation - ME!ME!ME!(©nihon animator mihonichi LLP., 2014) ／ Short Animation - ME!ME!ME! 「CHRONIC feat. daoko -TeddyLoid Mega Remix-」(©nihon animator mihonichi LLP., 2015)

075/100　スクール　school

TEL／ +81(0)3 3436 4540
E-MAIL／ schl@taiyokikaku.com
URL／ schl.co.jp
CATEGORY／ CM, MV, Web Movie, Interactive Movie, Projection Mapping, Web

映像とインタラクティブを基軸に、プランナー、コピーライター、プロデューサー、プロダクションマネージャー、フィルムディレクター、エディター、Webプロデューサー、Webディレクター、デザイナー、フロントエンドエンジニアから構成されるプロダクションユニット。メジャーなTV CMから実験的なプロジェクトまで、ハイエンドな映像を制作している。CANNES LIONS ゴールド、ACC ゴールド、IIA ゴールド、SPIKES ゴールド等を受賞。

MV - TOYOTA×水曜日のカンパネラ「松尾芭蕉」(©TOYOTA MARKETING JAPAN CORPORATION, 2016) ／ Web Movie - QUIKSILVER「TRUE WETSUITS」(©QUIKSILVER JAPAN CO., Ltd., 2015) ／ Web Movie - 資生堂「魔法のピタゴラメーク Cosmetic Rube Goldberg Machine」(©Shiseido Company, Limited, 2016) ／ TV PROGRAM - NHK「レジェンドたちのオリンピック」(©NHK, 2016) ／ TV-CM - NTTドコモ dポイント「はじまる」「申し込んでスグよの歌」(©NTT DOCOMO, INC., 2016) ／ Interactive Movie - 三菱電機 霧ヶ峰Style「STYLE meets STYLES」(©Mitsubishi Electric Corporation, 2016)

076/100　株式会社セップ　SEP, inc.

TEL／ +81(0)3 3585 3959
E-MAIL／ info@sep.co.jp
URL／ www.sep.co.jp
CATEGORY／ MV, Live Video, VR, TV-CM, Web CM, Movie, Drama

1993年にスペースシャワーTVの制作部門から独立し、音楽映像専門のクリエイター集団として、日本のミュージックビデオの歴史と共に歩んできた。以来、高いクリエイティビティとアーティストとの信頼関係を基盤に、音楽映像にとどまらず、CM・企業VPなど、年間400作品以上の幅広い映像コンテンツの企画制作に取り組んでいる。

CM - 降谷建志×audio-technica 2015 ／ [Alexandros]×audio-technica 2016 (©audio-technica corporation., 2017) ／ Web - デサント／le coq sportif 2015 ShoesMovie (©DESCENTE LTD., 2015) ／ MV - 清 竜人25「My Girls♡」(©TOY'S FACTORY, 2017)

077/100

スランテッド   slanted

TEL/　+81(0)3 3457 5000
E-MAIL/　info@slanted.tm
URL/　slanted.tm
CATEGORY/　CM, Short Movie, Web

2013年に自動車のCGを強みとして発足。自動車会社向け映像／画像制作を主とし、プロダクト系の他、CM、VP、メディア向け画像制作を行うCGスペシャリスト集団。企画・演出から海外撮影・コンポジット・編集までの一貫した制作体制が特色。近年は実写とCG合成の技術、CGが絡む撮影のVFXスーパーバイズで評価を獲得し、自動車以外の案件も増加。今後もさらにジャンルを広げ、おおよそ何でもできてとにかく話が早いCGプロダクションを目指している。

Web - 新型「NSX」技術プロモーション映像（©Honda Motor Co., Ltd., 2016）／ Web - NEW ASX "Let GO" series（©Mitsubishi Motors Corporation., 2016）／ Web - AC Milan vs. Drift Cars（©TOYO TIRE & RUBBER CO.,LTD., 2016）／ TV-CM - ルルアタック「KAZE WARS ドラッグストア」篇（©DAIICHI SANKYO HEALTHCARE CO., LTD. All Rights Reserved., 2016）

078/100

SOLA DIGITAL ARTS Inc.

TEL/　+81(0)3 6273 9011
E-MAIL/　info@sola-digital.com
URL/　sola-digital.com/jp/
CATEGORY/　Movie, TV, CM, Animation, Game

最先端の技術と豊富な経験を持ったメンバーが、グローバルマーケット向けの作品を企画から制作まで行うクリエイター集団。「SOLA」という言葉は、ラテン語で"ONLY"、"唯一"という意味を持つ。映画、アニメーション、ゲームなど、ジャンルを問わず「デジタルアート」のすべてを追求し、唯一の価値を放つスタジオとして、日本と世界を繋ぐ架け橋となることを目指している。

Movie - 「APPLESEED ALPHA」(Lucent Pictures Entertainment Inc. · Sony Pictures Worldwide Acquisitions Inc.)／ Motion picture © 2014 Lucent Pictures Entertainment Inc./Sony Pictures Worldwide Acquisitions Inc., All Rights Reserved. Comic book © 2014 Shirow Masamune/Crossroad, 2014)／ Movie - evangelion: Another Impact(STEVE N' STEVEN Inc. ／ ©カラー ©nihon animator mihonichi LLP., 2015)／ Movie -「スターシップ・トゥルーパーズ：インベイジョン」(© 2012 Sony Pictures Worldwide Acquisitions Inc. All right reserved. 2012)／ Game - 鉄拳7アーケード版オープニング (TEKKEN 7&©BANDAI NAMCO Entertainment Inc., 2015)

079/100　株式会社スプーン　Spoon Inc.

TEL/　+01(0)3 57711251
E-MAIL/　info@spoon-inc.co.jp
URL/　spoon-inc.co.jp
CATEGORY/　CM, MV, Web, Movie, Exhibition Movie

1988年設立。CMを中心に、MV、Web、展示映像、映画など、様々なジャンルの映像制作を手掛けるプロデューサー集団。人と人とをつなぎ、ベストなキャスティングで質の高い映像づくりを目指す。主なCM作品は、サントリー金麦、資生堂TSUBAKI、TOYOTA 5大陸走破、YKK AP窓シリーズ他、多数。リオ2016パラリンピック大会では日本選手団壮行会オープニング映像を制作。

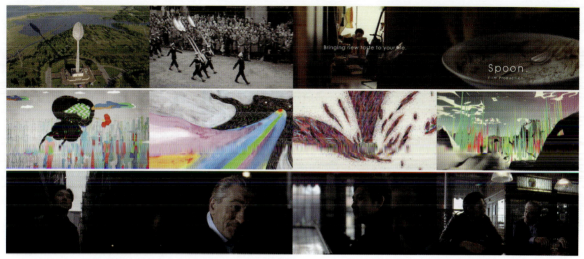

Web movie - Spoon Movie(©Spoon Inc.,2014) Director: Koichi Iguchi ／ Philosophy Movie - Adobe Creative Cloud「The Color Eater」(©Spoon Inc.,2015) Director: Hiroshi Yamakawa ／ CM – dビデオ「BAR」篇 (©Spoon Inc.,2013) Director: Gen Sekiguchi

080/100　ステディ株式会社　STEADY Inc.

E-MAIL/　info@stdy.tokyo
URL/　www.stdy.tokyo
CATEGORY/　CM, Web Movie, Short Film, Event Movie

東京を拠点に活動するクリエイティブプロデュースユニット。モーショングラフィックスやアニメーションから実写・VFXまで、ジャンルや手法を問わずビジュアルオリエンテッドな映像を展開。TV、Web、イベント、映画など、メディアの枠を越えて縦横無尽に活動中。他ジャンルのクリエーターとのコラボレーションにも積極的に取り組み、新たな映像表現の可能性を追求し続けている。

TV - NHK大河ドラマ「おんな城主 直虎」タイトルバック(©NHK All rights reserved., 2016) ／ VP - SKY TREK コンセプトムービー (©SETOUCHI HOLDINGS, INC. All rights reserved., 2016) ／ CM - Panasonic 衣類スチーマー「M.I.U.」篇 (©Panasonic All rights reserved., 2017)

081/100　STORIES合同会社　STORIES INTERNATIONAL, INC.

TEL/　+81(0)3 6441 9032
E-MAIL/　contact@stories-llc.com
URL/　www.stories-llc.com
CATEGORY/　Movie, TV, CM, Brand FIlm, Web, EvenI, PR

東京とLAを拠点とし、30名超のディレクターが所属。「映像ストーリー」の力により、ブランドのマーケティング課題解決を企画提案から実施までサポート。5年継続するプラットフォームコンテンツ、スバル「Your story with」シリーズ、米国マリオットホテル初のエンタメ映画「Two Bellmen」、安室奈美恵やV6など大型MVの制作や、ハリウッドでSEGA「SHIOBI」の実写映画化を進めるなど、メディアを問わず企画から実施まで様々なプロジェクトを制作し続けている。

TV-CM、Short FIlm - スバル「Your story with 遺伝子 篇、助手席 篇、おとうと 篇」(©富士重工業 他、2011-2016) ／ Brand FIlm - J W Marriot「Two Bellmen」、Renaissance Hotel「Business Unusual」(©MARRIOTT INTERNATIONAL, INC., 2015, 2016) ／ MV - 安室奈美恵「Anything」「Stranger」「Birthday」(©Dimension Point, 2015) ／ Brand FIlm - 日本政府観光局 ／「恋恋九州」(©日本政府観光局 / 2015-2016)

082/100　株式会社ストライプス　STRIPES, INC.

TEL/　+81(0)3 6435 7777
URL/　www.stripes.co.jp
CATEGORY/　CM, MV, Short Movie, Web, App, Instaration, Digital Signage, Development for Devices, etc.

プロジェクトをデザインする会社＝プロジェクトデザインカンパニーとして2015年に設立。映像を軸にCM、Webサイト、イベント、デバイス開発など各種コンテンツのプロデュースを行う。全体予算とプロジェクト進行の最適化を目指し、受け取る人の目線を考えながらものづくりを行うチーム。

CM - 日本マイクロソフト株式会社 Windows「My ヒーロー PC」(©2017 Microsoft, 2016) ／ Web Movie - 株式会社ネクスト「KEY OF LIFE」(©NEXT Co.,Ltd., 2016) ／ Web Movie - 独立行政法人 日本スポーツ振興センター toto「GROWING」(©JAPAN SPORT COUNCIL, 2016)

083/100 株式会社スタジオコロリド　STUDIO COLORIDO CO., LTD.

TEL/　+81(0)3 6379 5954
E-MAIL/　info@colorido.co.jp
URL/　colorido.co.jp
CATEGORY/　Movie, CM, PV

2011年8月設立。アニメーションの企画・制作を主な事業とし、かつアニメーション業界の制作現場をとりまく労働環境に対する新たなアプローチを試みるスタジオ。「寫眞館」「陽なたのアオシグレ」の製作・配給・アニメーション制作や「台風のノルダ」のアニメーション制作を担当する。ほかに、TV-CM「パズル＆ドラゴンズ」やWebCM「McDonald's」、「YKK」などがある。現在、劇場作品を制作中。

CM - マクドナルド「未来のワタシ」篇(©McDonald's, 2016) / Movie -「台風のノルダ」(©2015映画「台風のノルダ」製作委員会) / Short Movie - FASTENING DAYS 2 (©YKK Corporation All Rights Reserved., 2016) / TV-CM - ガンホー「パズル＆ドラゴンズ」「転校生」篇「冬の青春」篇 (©GungHo Online Entertainment, Inc. All Rights Reserved., 2015, 2016)

084/100 サンディ株式会社　Sundy inc.

TEL/　+81(0)42 329 5012
E-MAIL/　info@sundy.co.jp
URL/　sundy.co.jp
CATEGORY/　CM, Web, Event, MV, Documentary, Film

それぞれバックボーンの異なるディレクター、プロデューサーが集って「脳に汗かく」をモットーに制作に携わるコンテンツメーカー。領域の細分化が進み、クリエイターの棲み分けが著しい映像制作分野において、多領域にわたって活動してきた

メンバーの強みは既存の方法論にとらわれない独自のクリエーションを実現できること。Sundyはプロジェクト毎にその役割を変えながら、自分たちの方法で創造性のあるカタチをつくりだす。

Web -「SKY MISSION Concept Talk WITH Shin Takamatsu」(©PRINCIPAL HOME.co., 2016) / Web -「琴浦じゃないと。第1話」(©KOTOURA TOWN, 2016) / Film -「映像歳時記 鳥居をくぐり抜けて風」(©SAIJIKI FILM & Sundy Inc., 2016)

085/100

有限会社タングラム / TANGRAM co.ltd

TEL / +81(0)3 5452 8322
F-MAIl / info@tangram.to
URL / tangram.to
CATEGORY / CM, MV, Movie, Web Movie

「タングラムは伝わるデザインを考える会社です」。クリエイティブディレクター、映像作家、カメラマン、デザイナー、プログラマーといったプロフェッショナルが集い"シンプルで伝わる表現"をモットーに、映像、Web、展示、インタラクティブなど豊富なアウトプットの中から最適なカタチを考え企画・制作を行っている。

CM - 「sense of wonder」(©INDEN-YA, 2017) Director: Takayuki Akachi ／ OOH - NIKE JUST DO IT. 2016 (©Nike.inc., 2016) Director: Tao Tajima ／ Web Moive - 「meet your own world」Sony Portable Ultra Short Throw Projector (©Sony Corporation, 2016) Director: Daisuke Shigihara ／ MV - 朝が来るまで終わる事の無いダンスを (©UNIVERSAL MUSIC LLC., 2015) Director: Tao Tajima ／ CM - SHISEIDO EverBloom (©Shiseido Company, Limited, 2015) Director: Makoto Yabuki ／ CM - Ultra Light Down Uniqlo 2015 F/W (©UNIQLO CO.,LTD., 2015) Director: Makoto Yabuki ／ Web - ANA 「IS JAPAN COOL」(©ANA, 2013) Director: Takayuki Akachi ／ OOH - Sony O'Clock Sony Vision Shibuya (©Sony Corporation, 2015) Director: Daisuke Shigihara ／ Web - STRIPE INTERNATIONAL INC. (©STRIPE INTERNATIONAL INC., 2016) Director: Tao Tajima ／ CM - 「じぶんの一台」(©Google inc., 2013) Director: Takayuki Akachi ／ Web - NIKE vapor (©Nike.inc., 2014) Director: Makoto Yabuki ／ Exhibition - 伊勢丹 花々祭 2015 (©Isetan Mitsukoshi Ltd., 2015) Director: Makoto Yabuki

086/100

チームラボ / teamLab

E-MAIL / lab-pr@team-lab.com
URL / www.team-lab.net/jp/
CATEGORY / Short Movie, Web, MV, CM, Installation Art, Exhibition, Animation

プログラマ、エンジニア、CGアニメーター、絵師、数学者、建築家、ウェブデザイナー、グラフィックデザイナー、編集者など、デジタル社会の様々な分野のスペシャリストがチームとなって、アート、サイエンス、テクノロジー、クリエイティビティの境界を越えて、集団的創造をコンセプトに、制作活動をしている。

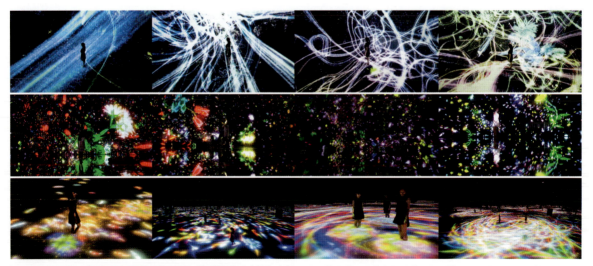

Interactive Digital Installation - 「追われるカラス、追うカラスも追われるカラス、そして衝突して咲いていく」/ Crows are Chased and the Chasing Crows are Destined to be Chased as well, Blossoming on Collision - Light in Space」(©teamLab, 2016, 森美術館「宇宙と芸術展：かぐや姫、ダ・ヴィンチ、チームラボ」) ／ Interactive Digital Installation - 「人と共に踊る鯉によって描かれる水面のドローイング / Drawing on the Water Surface Created by the Dance of Koi and Poople - Infinity」(©teamLab, 2016, お台場みんなの夢大陸 2016 会場内「DMM.プラネッツ Art by teamLab」) ／ Interactive Digital installation - 「Floating in the Falling Universe of Flowers」(©teamLab, 2016, お台場みんなの夢大陸 2016 会場内「DMM.プラネッツ Art by teamLab」)

087/100   ティ・ビィ・グラフィックス　teevee graphics

TEL/ +81(0)92 852 7264
E-MAIL/ tvg_info@teeveeg.com
URL/ www.teeveeg.com
CATEGORY/ CM, MV, Movie

1995年3月設立。TV-CM、MV、映画、ファッション、VJなどの映像の企画演出、モーショングラフィックスや3DCGを使ったアニメーションなどの制作を行う。色や形の美しさにこだわり丁寧に仕上げる作品は、どれも端正な美しさ、知的な切れの良さが漂い、想像力を刺激する独自の世界を表現している。2008年4月より福岡スタジオを開設。

CM -「なにかと出会う。なにかが生まれる。」篇（©TDK, 2016）／ Display movie -「i enjoy !」篇（©日本財団パラリンピックサポートセンター映像, 2016）／ CM -「ドライストレッチパンツ、ゆるひらボトムス」篇（©UNIQLO, 2016）／ Internet Program -「PRIME JAPAN」篇（©AMAZON, 2016）

088/100   シンカー   THINKR

TEL/ +81(0)50 8882 0088
E-MAIL/ info@thinkr.jp
URL/ thinkr.jp
CATEGORY/ CM, MV, Short Movie, Branding, Experience

「作る人」たちをクリエイティブチーム化し、育て広めていくクリエイティブプロダクション。クリエイティブチームの集合体のプロダクションカンパニーであると同時に、ブランド構築を行うデザインコンサルティングファームでもある。デザイン、テクノロジー、エクスペリエンスを組み合わせ、ジャンルを問わないデザインシンキングを重要視した問題解決に取り組む。

CM - LUCUA 1100 & LUCUA BARGAIN（©JR West Japan Shopping Center Development Company, 2017）Creative Director : Kenjiro Harigai, Producer: Kazuki Sekiyama, Director : Satoru Ohno ／ MV - さユり「ノラレガイガール」（©Yamaha Music Artists, Inc., 2016）Producer : Raita Nakamura , Director : Nao Yoshigai (Ootori film Inc.) ／ MV - 上坂すみれ「恋する図形」（©King Records. Co., Ltd., 2016）Creative Director : Kenjiro Harigai, Director : Satoru Ohno ／ MV - Questy, FANTASY（©avex music creative Inc., 2016）Creative Director : Kenjiro Harigai , Producer : Hiroki Sugiyama

089/100　株式会社トボガン　TOBOGGAN INC.

TEL/　+81(0)3 6434 9515
E-MAIL/　info@tobogganz.com
URL/　tobogganz.com
CATEGORY/　CM, TV, VP, MV, Short Film, Documentary, Events, Graphic, PR

KAZを中心としたバイリンガル・プロデューサー集団。国内外に多彩なクリエイティブリソースを持ち、東京とLAのオフィスを拠点に世界で活躍するクリエーターと共に、国境を超えたプロジェクトを手掛ける。MV、CM、Web、映画など、多岐にわたる映像コンテンツの制作に精通。さらには『"八女茶"の世界展開』など海外でのイベントやPRなども行なっている。

Web CM - 「LEXUS LC 500 & LC 500 h」(©Toyota Motor Corporation all rights reserved, 2016) ／ Documentary - 「FREQUENCIES: League of Legends」(©Riot Games all rights reserved, 2016) ／ CM - UNIQLO「風を防いで、ユニクロ史上最高に暖かい。ユニクロの暖パン。」(©UNIQLO CO., LTD. all rights reserved, 2016) ／ MV - Skrillex/Vic Mensa「No Chill」(©Roc Nation, LLC. all rights reserved, 2016)

090/100　株式会社 東北新社　TOHOKUSHINSHA FILM CORPORATION

TEL/　+81(0)3 5414 0211
E-MAIL/　toiawase@tfc.co.jp
URL/　tfc.co.jp
CATEGORY/　CM, Web, MV, VP, Short Movie, Documentary, TV drama, Theater Movie

1961年創立。CANNES LIONSグランプリをはじめ、海外及び国内での受賞歴は多数。CMを中心にWeb動画、MV、VP、AR、VRから劇場映画、テレビドラマ、ドキュメンタリー番組、バラエティ番組まで"映像"と名の付くすべてのものを最高の品質で制作することのできる総合映像プロダクション。企画・演出・撮影から編集に至るまでをグループ内で一貫して対応できる強みがある。

TV-CM - サントリーPEPSI「桃太郎」(©Suntory Holdings Limited, 2016) ／ TV-CM - サントリー伊右衛門「お茶の言葉」(©Suntory Holdings Limited, 2014) ／ TV-CM - 東京メトロ Find my Tokyo.「中野 エンターテインメントジャングル」(©Tokyo Metro Co., Ltd, 2016) ／ TV-CM - NTTdocomo「Style'20」(©NTT DOCOMO, INC., 2016) ／ Web CM - トヨタVitz「The making of new Vitz story」(©TOYOTA MARKETING JAPAN CORPORATION., 2017) ／ Web CM - PlayStation4 GRAVITY DAZE 2「GRAVITY CAT」(©2017 Sony Interactive Entertainment inc., 2017) ／ TV-CM - 大和ハウス工業「ビジネスマッチング」(©DAIWA HOUSE INDUSTRY CO., LTD., 2017) ／ TV-CM - ネオファースト生命「ショッカーの妻」(©The Neo First Life Insurance Company, Ltd., 2015) ／ Web CM - マルコメ「世界初かわいい味噌汁」(©marukome co., ltd., 2016) ／ TV-CM - 日清ラ王 冷し中華「食べたい男 南国出張」(©NISSIN FOODS HOLDINGS CO., LTD., 2010) ／ IV-CM - Amazon Audible「雨ニモマケズ」(©Audible, Inc., 2015) ／ MV - HARUHI「BANQUET」(©2016 Sony Music Labels Inc., 2016)

091/100

TEL/ +81(0)3 5467 7201
E-MAIL/ info@lab.tokyo.jp
URL/ lab.tokyo.jp
CATEGORY/ CM, Short Movie,
MV, Web Movie

TOKYO

企画・演出・撮影・CG・編集・制作、そしてクリエイティブディレクションに至る、すべてのプロセスを一貫して内部で担うことのできる、全く新しいクリエイティブプロダクション。CANNES FILM ゴールド、CLIO グランプリ、ADFEST グランプリ、メディア芸術祭 グランプリ、ACC ゴールド 他、国内外で数多くの賞に輝くなど、確かな実績をもとに、世界に通じる高度な映像表現を発信し続けている。

MV - Young Juvenile Youth「Animation」(2016) ／ MV - きゃりーぱみゅぱみゅ「原宿いやほい」(2017) ／ ART - TOKYO×はいいろオオカミ+西別府商店「Faith」(2016) ／ MV - CICADA「ゆれる指先」(2017) ／ TV - Eテレ TECNE「njica」(2016) ／ Web Movie - 日清食品 チキンラーメン「INSTANT BUZZ」(2016)

092/100

TEL/ +81(0)3 6447 4086
E-MAIL/ info@to-to-to.jp
URL/ www.to-to-to.jp
CATEGORY/ CM, Web CM, MV,
Live&Show Movie Production

トトト / TOTOTO

2011年、新村洋平により設立された。広告、CDジャケット、CI、VI、エディトリアルのアートディレクション／グラフィックデザインを中心に、MVやCMの演出、またWeb、UI、プロダクトデザインなど様々な分野で活動するデザインユニット。

Web CM - RYDEN 2017 (©RYDEN, 2017) ／ MV - MikaRika「ただの女」(©staff-plus, 2016) ／ Live OP - 餓鬼レンジャー「RANGERSHOW 2016」(©jcc, 2016) ／ Web CM - Xmas Campaign 2016 (©TOWER RECORDS, 2016)

093/100　株式会社トリプルアディショナル　Triple Additional co.,ltd.

TEL/　+81(0)3 6805 0930
E-MAIL/　info@3additional.com
URL/　www.3additional.com

ディレクター、CGディレクターによって設立されたビジュアルアートスタジオ。企画演出・CGを軸に、CMをはじめとする各種広告やMV、イベント・展示映像、グラフィックデザインなどの分野で活動。近年ではオリジナル作品やショートムービー、インスタレーション他活動の領域を拡げている。

Original -「at the beginning」Director : Yasuhiro Kobari, CGI : Takeshi Naito, DIT : Masahiro Ishikawa, Music : Ayako Taniguchi, Producer : Kentaro Takaku, mergrim「Unending Chain feat. yuanyuan」from the album「Hyper Fleeting Vision」／MV - mergrim（2013）Direction: Yasuhiro Kobari, CG Design: Takeshi Naito, Production & CGI: Triple Additional

094/100　株式会社ティモテ　TYMOTE

TEL/　+81(0)3 6804 9415
E-MAIL/　info@tymote.jp
URL/　tymote.jp
CATEGORY/　CM, Animation, MV, Motion graphics, Short Movie

2008年に設立された、東京拠点のデザインスタジオ。井口皓太、飯高健人、石井伶、森田仁志、村井智、やんツー、浅葉球、加藤晃央の8名が所属し、グラフィックを軸に映像、アニメーション、音楽、アートなどメンバー各々が異なる分野でクリエイティブを追求している。メンバーの多様な視点からプロジェクトを一度分解し再構築することで、高い水準の作品やアイデア、企画を多数生み出している。

PV - Me to Me by 999.9（©fournines, 2016）／CM - POLAブランディングムービー「POLA THE HAND CREAM」（©POLA, 2017）／CM - LUMINE THE BARGAIN 2017冬（©LUMINE, 2017）／PV - Message（©ISSEY MIYAKE INC., 2014）

095/100　TYO drive

TEL/　+81(0)3 5777 0864
URL/　www.tyo.co.jp/tyodrive/
CATEGORY/　CM, MV, Web Movie, Short Movie

TYO Productions 1を前身に、2016年2月誕生。CM制作会社としての実績と経験をもとに、映像制作を中心としながらもその領域にとらわれることなく、様々な新しいこと・面白いことにチャレンジしていく集団。CANNES LIONS、CLIO AWARDS、THE ONE SHOW、D&AD、ADFEST、ACCなど多数受賞。

Web Movie - 充電式電池エネループ「Life is electric」(©Panasonic Corporation, 2015-2016) ／ TV-CM - 凸版印刷 企業「IMAGINE 2020 Printed By TOPPAN」(©TOPPAN PRINTING CO., LTD., 2016) ／ Web Movie - au SYNC DINNER 〜遠く離れたふたりの心が近づくディナーサービス〜 (©KDDI CORPORATION, 2014) ／ TV-CM そうだ 京都、行こう。(©Central Japan Railway Company, 1993 -) ／ Web Movie - 企業広告「Tire Kimono」(©Toyo Tire & Rubber Co., Ltd., 2014) ／ Installation - Amazon Fashion Week TOKYO Opening Installation (©2016, Amazon.com, Inc. or its affiliates, 2016) ／ Event, Digital Signage, Web - Amazon Fashion 01 Manifest Movie (©2016, Amazon.com, Inc. or its affiliates, 2016) ／ MV - きゃりーぱみゅぱみゅ「最&高」(©Warner Music Japan Inc., 2016) ／ MV - 桑田佳祐「ヨシ子さん」(©Victor Entertainment & Amuse Inc., 2016)

096/100　TYO モンスター　TYO MONSTER

TEL/　+81(0)3 6229 1611
E-MAIL/　info@monsterfilms.jp
URL/　monsterfilms.jp
CATEGORY/　TV-CM, MV, VP

2002年5月、港区六本木にて株式会社モンスターフィルムスとして創業。2010年7月、ティー・ワイ・オーのグループ事業統合を機に名称を新たに「モンスター」とし、事業ブランドとなる。CANNES LIONSのグランプリを受賞したユニクロの「UNIQLOCK」や、北海道夕張市の「夕張夫妻」をはじめとする数々の作品制作に関わる。グローバル展開のCMから地方自治体のプロモーションムービーに至るまで、幅広い対応力を持っている映像制作会社。

CM - キリン株式会社 氷結「あたらしくいこう 志村けん」篇 (2016) ／ CM - 日清食品ホールディングス株式会社 日清 カップヌードル「OBAKA's 大学卒業式」篇 (2016) ／ CM - 日本コカ・コーラ株式会社 からだすこやか茶W「かつ丼」篇 (2016) ／ CM - 株式会社ロッテ ガーナ「真っ赤って、ときめき。雨の日」篇 (2016) ／ CM - グーグル株式会社 Android「みんなの and」篇 (2014) ／ CM - 株式会社ユニクロ SPORTS「SONOYA」篇 (2016)

PRODUCTION 100

097/100　株式会社ビジュアルマントウキョー　VISUALMAN TOKYO Co.,Ltd.

TEL/　+81(0)3 6804 3839
E-MAIL/　info@visualman.tokyo
URL/　visualman.tokyo
CATEGORY/　CM, Movie

2013年1月設立。TOKYOを起点として世界の映像制作のHUB（拠点）になる事を目指し、少数精鋭のスタッフと日々意欲的な映像制作を展開している。数多くのCMを中心に、複雑化する撮影から仕上げまでスムーズかつクリエイティブな創作活動ができるよう、ディレクションやスーパーバイジングを手掛けている。今年夏にはVFXスーパーバイジングを担当した長編映画が公開予定。

CM - TOYOTA PRIUS「先生と犬 東京タワー」篇 (©Toyota Motor Corporation. All Rights Reserved., 2016) ／ CM - フリスクNOW mints TVCM「Street」篇 (Copyright ©FRISK INTERNATIONAL NV. / Kracie FOODS,Ltd. All Rights Reserved., 2016)

098/100　株式会社ワイズ　wise inc.

TEL/　+81(0)3 6453 8328
E-MAIL/　info@wiseinc-net.com
URL/　www.wiseinc-net.com
CATEGORY/　CM, Film, PV, VR Movie, VR Game, Projection Mapping, Short Movie, App

映像ディレクター尾小山良哉によって2014年に設立。ゲームエンジンなどを使ったリアルタイム技術とVFXを主体としたプリレンダリング技術、またディレクター山田詩音が立ち上げた映像チーム「Hurray!（フレイ）」によるセルアニメーション表現を総合した多様なエンターテイメント制作を行う。CM、映画、PV、ゲーム、VR、プロジェクションマッピングなど既存の表現領域に縛られずに行う幅広い提案が特色。

Original VR Game -「眠れぬ魂」(©wise inc., 2017) ／ Short Movie -「Horizon」(©wise inc., 2015) ／ Short Animation -「CRY-MAX」(©Sion Yamada, 2013) ／ CM - COSME DECORTE moisture reposome Ω (©KOSE Corporation, 2014) ／ CM -「COSME DECORTE AQ Meliority」(©KOSE Corporation 2014) ／ Short Movie -「Dusk」(©wise inc. 2012) ／ MV -「ユニバース MusicVideo」(©TOHO CO., LTD, 2016) ／ Projection Mapping -「MOON SAGA」(©MOON SAGA -義経秘伝- 舞台製作委員会, 2014) ／ CM -「アサヒスーパードライ エクストラシャープ」(©ASAHI BREWERIES, 2015) ／ Short Movie & VR Movie -「Car VR」(©wise inc., 2016)

099/100

ワウ株式会社
WOW inc.

TEL/ +81(0)3 5459 1100
E-MAIL/ info@w0w.co.jp
URL/ www.w0w.co.jp
CATEGORY/ Installation, Projection Mapping, Short Film, CF, Title Sequence, VI, User Interface Design, Application Design

東京と仙台、サンフランシスコに拠点を置くビジュアルデザインスタジオ。CMやVIなど広告における多様な映像表現から、様々な展示スペースにおけるインスタレーション映像、メーカーと共同で開発するUIデザインまで、既存のメディアやカテゴリーにとらわれない幅広いデザインワークを展開。近年では積極的にオリジナルのアート作品を制作し、国内外でインスタレーションを多数実施。ビジュアルデザインの社会的機能を果たすべく、映像の新しい可能性を追求し続けている。

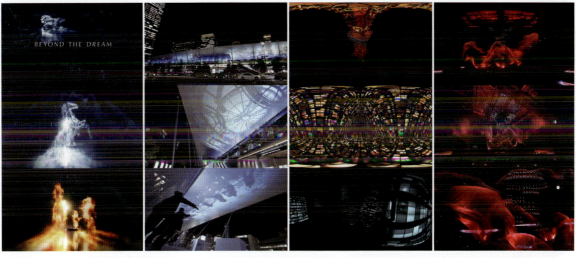

Projection Mapping, Web Movie -「BEYOND THE DREAM」(©Japan Racing Association, 2016) / Installation - 東京駅グランルーフ「Light on Train」(2016) / 360°VR, Installation -「Tokyo Light Odyssey」(©2016 WOW inc., 2016) / Installation - SHISEIDO ULTIMUNE 2nd ANNIVERSARY EVENT「wind form_02」(2016)

100/100

wowlab

TEL/ +81(0)2 2216 5525
E-MAIL/ contact@wowlab.net
URL/ wowlab.net
CATEGORY/ R&D, Experiment, Architecture, Programming, UI, Installation

WOW内で構成されたデザインユニット。映像を新しい視点でデザインするための実験的なプラットフォームとして、制作プロセスの公開やプロジェクトのアーカイブなどを実施する一方、近年ではR&Dでも多く活動。映像のあり方が日々変化する中、完成されたシーケンシャルな映像よりも、ユーザーの状況に応じて変化していくインターフェイスとしての映像をデザインする必要があるという考えのもと、商業の枠にとらわれない様々な表現の研究と実験を行っている。

Architecture, Data Visualization - Domestic Urbanism in Oroshimachi, Sendai (©Atelier Hitoshi Abe / Masashige Motoe / wowlab, 2016) / Architecture - Hakodate Mirai Project (©Hakodate Mirai Project, 2016) / Research & Experiment - Beyond Motion Graphics (©wowlab, 2016)

オンライン映像視聴リスト　【CREATOR】

AC部　AC-bu
CM - 投資用不動産のリフレクトプロパティ「よけろ！勝原くん」（©リノレクトプロパティ、バーグハンバーグバーグ、2016）／CM - ムー認定超都市伝説ガチャ（©TAP ENTERTAINMENT INC. & GAKKEN PLUS CO., LTD., 2017）

荒牧康治　Koji Aramaki
MV - Julien Mier「Super Tropic Tramp」（©King Deluxe Records, 2013）Director: Koji Aramaki, Hiroki Kato

福田泰崇　Yasutaka Fukuda
MV - FUKUPOLY DEMOREEL 2017, SHORT VERSION（©FUKUPOLY.inc, 2017）

オタミラムズ　OTAMIRAMS
MV - NATURE DANGER GANG「フィッシャーキング」（©OMOCHI RECORDS, 2016）

春山DAVID祥一　Shoichi DAVID Haruyama
MV - Mohammad Reza Mortazavi「Shish Hashtom」（©Flowfish Records, 2013）／MV - しらいしりょうこ「アンフィルム」（©Chiffon Records, 2013）／Competition Work - Adobe Creative Jam Tokyo Vol.2「初心忘るべからず」（©Shoichi David Haruyama, Inazumi Kimimasa, 2016）

ホーストン　HORSTON
TV - ミルクチャポン「迷牛ハナコはどこ？」（©中央酪農会議, 2013）

稲葉秀樹　Hideki Inaba
Promotion - TRULY TRULY「Levity Light」（©Hideki Inaba, 2016）／MV - Beatsofreen「Slowly Rising」（©Hideki Inaba, 2015）

稲葉まり　Mari Inaba
Showreel -「稲葉まり works」Music: Gutevolk

冠木佐和子　Sawako Kabuki
MV - 佐伯誠之助「夏のゲロは冬の肴」（©Sawako Kabuki, 2016）

川沢健司　Kenji Kawasawa
Short Movie -「Kenji Kawasawa Demoreel 2017」（©Kenji Kawasawa, 2017）Music: Dan Phillipson

北村みなみ　Minami Kitamura
CM - SPACE SHOWER TV STATION ID「The Great Little Journey」（©SPACE SHOWER NETWORKS INC., 2016）／MV - brinq「baby baby feat. minan (lyrical school)」（©brinq, 2016）Typographer: 山田和寛

近藤樹　Tatsuki Kondo
Installation - Amazon Fashion 01 Manifest Movie（©2016, Amazon.com, Inc. or its affiliates, 2016）Direction: WOW, Planner+Director+CG Designer: 近藤樹（WOW）, CG Designer: 蓬莱美咲（WOW）, Technical Director: 石鍋俊作（WOW）, Producer: 松井康彰（WOW）,Music: P-CAMP, Director: 鮫島充, Production: TYO drive, Producer: 石川竜大, Production Manager: 藤田侑也, Making Director: 山田修平（HANABI）／MovingLogo - WOW 20th Anniversary Movie Logo「Glittering Particles」（©WOW inc, 2016）Director+Designer: 近藤樹, Music: 長崎智宏, Logo Design: 丸山新（&Form）／Moving Logo - CINECITTA「' LIVE ZOUND」（©CINECITTA', 2016）Director+Designer: 近藤樹, Music Composer: 玉置裕介, Producer: 萩原豪／Short Movie -「Light of Border」（2015）Director: 近藤樹, Photographer: 早川佳郎, Music Composer: 青木隆多, Actor: 樋口舞子

桑原季　Minori Kuwabara
Animation - Game Changer（©Minori Kuwabara, 2015）／CM - あの日あのときあの場所へ（©Minori Kuwabara, 2015）

持田寛太　Kanta Mochida
Interactive Installation -「quantum gastronomy」（©kanta mochida, 2016）／Display Installation -「飯循環」（©kanta mochida. 2016）／MV - TWISTSTEP「Pa's Lam System」Director: katsuki nogami, kanta mochida, Densuke28（©TOY'S FACTORY, 2016）／Opening「あなたは今幸せですか」2017年1月15日午後1時55分～放送（©テレビ朝日, 2017）

森野和馬　Kazuma Morino
PV - HAPPY NEW YEAR（©Stripe Factory, 2014）Director:Kazuma Morino／PV - HAPPY NEW YEAR（©Stripe Factory, 2015）Director:Kazuma Morino

オンラインで視聴可能な作品です。今後、続々追加予定。

中間耕平　Kouhei Nakama
Original - DIFFUSION (©Kouhei Nakama, 2015) Director: Kouhei Nakama, Music: "Highway to the Stars" by Kai Engel／Original - CYCLE (©Kouhei Nakama, 2016) Director: Kouhei Nakama, Music: Music: "Shining Dawn" by Kai Engel／Web Movie- AXIS by BLUEVOX!(©WOW inc. 2010) Director: Kouhei Nakama, Music: Tomohiro Nagasaki

ぬQ　nuQ
Animation -「ニュ〜東京音頭」(©nuQ, 2012)

大橋史　Takashi Ohashi
Showreel

及川佑介　Yusuke Oikawa
MV - A.S.I.W.C「COCO de KIMEI」(©A Sheep In Wolfs Clothing, 2016)

大川原亮　Ryo Okawara
Short -「ディスイズマイハウス」(©Super Milk Cow Inc., 2015) Director: Ryo OKAWARA

岡崎智弘　Tomohiro Okazaki
PV - 有馬玩具博物館 (©Arima Toys & Automata Museum, 2015) Director: Tomohiro Okazaki, Music: Tokuro Oka+ Kosuke Anamizu

小野哲司　Tetsuji Ono
TV - BSフジ MDNA presents ANSWERS (©BS FUJI Inc., 2016)

らっパル　rapparu
TVアニメ - だぶるじぇい (©ユルアニ？, 2012)／MV - IA 日本橋高架下R計画 (©IA/01 -BIRTH-, 2012)／OP - NOTTV「吉田尚記がアニメで企んでる」(©mmbi,Inc., 2013)／Jingle - MTV, ULTRA HITS (©MTV Networks Japan, 2013)／MV - きゃりーぱみゅぱみゅ「もったいないとらんど」(©warner music japan inc., 2013)／OP- SSTV「アニソン日本」(©SPACE SHOWER NETWORKS INC, 2014)／GRADES「King」(©GRADES, 2015)／正しい数の数え方「ランフォリンクス」(©Out One Disc, 2015)／Short anime -「kanamewo」(©rapparu, 2015)／CM - TOYOTA ESTIMA Webムービー「フラットウッズモンスター」(©TOYOTA, 2016)

曽根光揮　Koki Sone
写場 (©Koki Sone, 2014)／7時間の使い方 (©Koki Sone, 2015)

竹林亮　Ryo Takebayashi
Showreel

竹内泰人　Taijin Takeuchi
Web Movie - IKEA「10年、ありがとう。家でのワクワクを、2017も。」(©IKEA, 2017) Director: Taijin Takeuchi／Web Movie - シャチハダ「Xstamper 50thスペシャルムービー」(©Shachihata, 2015) Director: Taijin Takeuchi／Short Movie - カモ井加工紙「黄色いネコと不思議なカバン」(©カモ井加工紙, 2013) Director: Taijin Takeuchi／Web Movie - Olympus PEN「Giant」(©Olympus PEN, 2010) Director: Taijin Takeuchi & Peter Göltenboth

玉田伸太郎　Shintaro Tamada
CM - tadzio, オーストラリアツアー CM (2016)

田中宏大　Kodai Tanaka
MV - 堂珍嘉邦「「How I love you so」× WHITE KITTE」(©KITTE, 2016) Director 田中宏大／Web Movie- MAJOLICA MAJORCA「驚きいっぱいの動画「Fantastic Fantasy」」(©SHISEIDO, 2013) Director 田中宏大／Web Movie - 資生堂「Share Beauty Stories」(©SHISEIDO, 2016) Director 田中宏大／Web Movie - Canon iVIS mini X「トクマルシューゴ SPECIAL MOVIE」(©キヤノンマーケティングジャパン, 2015) Director 田中宏大

谷山剛　Tsuyoshi Taniyama
MV - 夜の本気ダンス「Without you」(©株式会社JVCケンウッド・ビクターエンタテイメント, 2016)／CM - クリスタル オブ リユニオン「クリュニ×IK7Ωω激闘」篇 (©Gumi) Client: 株式会社gumi, Agency: Ryu's Office, Production: Ginger Planner, 浅野宗親 (Ryu's Office), Producer: 原浩太郎 (Ginger), Director: 谷山剛 (EPOCH / IKIOI), Cinematographer: 越後祐太, Lighting Director: 上野甲子朗, Stylist: 臼井崇, Hair: KENJI IDE, Props: 浅田崇, CG+Animation: 白組, MA: 小林丈泰／Web - dTV ガールズch「CONCEPT MOVIE」(©NTT DOCOMO) Client: エイベックス・デジタル株式会社, Production: EPOCH Inc., Director: 谷山剛 (EPOCH / IKIOI), Producer: 荒井和也 (EPOCH), Production Manager: 奥谷建太 (EPOCH), Cinematographer: 品川光司 Lighting Director: 田島慎, Art Director: 鈴木千佳子, Stylist: 臼井崇, Hair&Make: Tazaki Haruka, Sound Design: tessei tojo, Cast: 篠崎彩音

常橋岳志　Takeshi Tsunehashi
Showreel -「Takeshi Tsunehashi SHOWREEL 2017」Director: Takeshi Tsunehashi

山口崇司　Takashi Yamaguchi
PV - Schiaparelli「Schiaparelli」（Schiaparelli, 2014)

横堀光範　Mitsunori Yokobori
MV - 井上苑子「ユール」（©EMI Records, Universal Music Japan, 2016）／Web　UNIQLO「ユニクロふんわりルームウェア」（©UNIQLO, 2016）／Short Movie - モンスターストライク「この想い、とどけ！」篇（©mixi,inc., 2016）／MV - 井上苑子「ナツコイ」（©EMI Records, Universal Music Japan, 2016）

オンライン映像視聴リスト　[PRODUCTION]

株式会社ヨンサンサン　4-3-3 INC.
Documentary -「ロアッソ熊本 Jリーグ復帰ドキュメンタリー7月3日」（©J.LEAGUE Media Promotion,Inc., 2017）

オールド株式会社　ALLd. inc.
CM -「OMULA BEAUTY CREATES」（©大村美容ファッション専門学校, 2014）Director: Kenichi Ogino

ビービーメディア株式会社　BBmedia Inc.
CM - ビオレU ハンドソープ「何度も洗う手だから」篇（©Kao, HAKUHODO, BBmedia, 2013）Agency: 株式会社博報堂／Web -「WHITE Tree Letter」（©日本郵便株式会社、ADK、BBmedia, 2015）Production: ビービーメディア株式会社、Agency: 株式会社アサツーディ・ケイ／Web Move -「世界は数式でできている」（©SHISEIDO,BBmedia, 2013）Production: ビービーメディア株式会社

有限会社イアリンジャパン　Iallin Japan Co.,Ltd.
CM - Auswide Bank / The Big Hearted Bank（©Auswide Bank Ltd, 2016）

エンジングループ　ENGINE GROUP
Showreel - [CM - 九州新幹線 全線開業（©九州旅客鉄道株式会社, 2011）／CM-女神のヒミツ「至福ごこち」篇（©株式会社ワコール, 2015）／CM - JAL SKY NEXT「宣言」篇（©日本航空株式会社, 2014）／CM-BA「赤井英和」篇（©RIZAP株式会社, 2014）／CM - AC Milan vs. Drift Cars（©東洋ゴムT業株式会社, 2016）／CM - パナップ フルーツバスケット（©江崎グリコ株式会社, 2015）／CM - ポッキーチョコレート「シェアハピ・デビュー」篇（©江崎グリコ株式会社, 2015）／CM - LUMIX GH4「光は永遠を選んだ」篇（©パナソニック株式会社, 2016）／CM - スマ@ホーム「おはなしカメラ」篇（©パナソニック株式会社, 2010）／CM - MOVE!JAPANET（©株式会社ジャパネットたかた, 2012）／CM - カンタン酢たっぷりたまねぎ「たまねぎ、ぎゅ～NEW」篇（©株式会社Mizkan Holdings, 2016）／CM - トップ NANOX マトリョーシカ（©ライオン株式会社）／CM -「森の木琴」（©株式会社エヌ・ティ・ティ・ドコモ, 2011）／CM - PREMIUM 4G「Get Speed」篇（©株式会社NTTドコモ, 2015）／CM - パピコ「パピプペパピコゲーム」（©江崎グリコ株式会社, 2015）／CM - XXIO「軌道は力だ」篇（©ダンロップスポーツ株式会社, 2015）／Web - THE SANTA PARTY（©ボーズ株式会社, 2015）／CM - GBF「Go into the blue」（©株式会社サイバーエージェント, 2016）／CM - smile.Glico「あなたが笑うと」（©江崎グリコ株式会社, 2015）／CM - スキンベープ「みんなの夏」篇（©フマキラー株式会社, 2016）／CM - オキシーモイストローション「銭湯」篇（©ロート製薬株式会社 2016）／CM - 宅急便コンパクト「こんなんもあんなんも」篇（©ヤマト運輸株式会社, 2015）／CM - ポッキーチョコレート「シェアハピ・恋愛」篇（©江崎グリコ株式会社, 2015）／CM - プリッツ「青い鳥」篇（©江崎グリコ, 2015）／CM - 朝日新聞デジタル「コロッセオで」篇（©株式会社朝日新聞, 2015）／CM - ITソリューション四次元PP「望遠メガフォン」篇（©富士ゼロックス株式会社, 2014）／CM - ジョージア エメマン「コロンビアのカフェテロ達」篇（©日本コカ・コーラ株式会社, 2015）／CM - ジョージア ザ・プレミアム「プレミアムなあいつ」篇（©日本コカ・コーラ株式会社 2015）／CM -「スーパーマリオラン」（©任天堂株式会社 2016）／PV - 100周年事業 YASKAWA BUSHIDO PROJECT（©株式会社安川電機, 2015）]

株式会社EPOCH　EPOCH inc.
TVドラマ オープニングタイトル - NHK大河ドラマ オープニングタイトル「おんな城主 直虎」（©NHK, 2016）／MV - 水曜日のカンパネラ「COLORHOLIC - 水曜日のカンパネラ × shu uemura」（©shu uemura, 2016）

株式会社フラッグ　flag Co.,Ltd.
企業VP -「Beauty of line」（©flag Co.,Ltd., 2016）

株式会社FOV　FOV co.,ltd.
Showreel

株式会社KEYAKI WORKS　KEYAKI WORKS CO.,LTD.
Showreel -「KEYAKI WORKS DEMOREEL 2017」（2017）

株式会社キラメキ　kirameki inc.

CM - GLOBAL WORK 2016F/W (©Adastria Co., Ltd., 2016) ／CM -「はやぶさデビュー」(©East Japan Railway Company 2011) ／Web - JAPAN - Where tradition meets the furure (©JNTO, 2016) ／Web -「IS JAPAN COOL? ART」(ALL NIPPON AIRWAYS CO., LTD, 2016) ／CM - ヘーベルハウス「白い箱」篇 (©AsahiKASEI Homes, 2011) ／Web - Faucet Feel the touch (©TOTO 2015) ／Web - MINICAR GO ROUND (©SUBARU, 2015) ／Web -TOYOTA DREAM CAR (©TOYOTA MOTOR CORPORATION, 2014) ／Web - Bemberg - It feels so precious.- (©AsahiKASEI, 2015)

maxilla

Showreel - [MV - Aimer「誰か、海を。」(©Sony Music Labels Inc., 2014) ／MV - Crossfaith「Madness」(©Sony Music Labels Inc., 2014) ／MV「SawanoHiroyuki[nZk], X.U.」(©Sony Music Labels Inc., 2015) ／TV - MTV「洋楽EXPRESS」(©MTV Networks Japan K.K., 2014) ／MV - ONE OK ROCK「The Way Back -Japanese Ver.-」(©A-Sketch, 2015) ／VP - ANA「Blue Wing -Wings for Change Makers-」(©ANA, 2014) ／MV - coldrain「The Revelation」(©gil soundworks, 2013) ／TV - SPACE SHOWER TV「Sync.」(©SPACE SHOWER NETWORKS inc., 2013) ／MV - Sawano Hiroyuki[nZk]:Yosh「scaPEGoat」(©Sony Music Labels Inc., 2015) ／MV - Sawagi「Topology」(©Japan Music System, 2013) ／VP - Pioneer「Roll Connected」(©Pioneer Corporation, 2014) ／MV - MAN WITH A MISSION「database feat.TAKUMA (10-FEET)」(Sony Music Records Inc., 2013) ／MV - NOISEMAKER「THE NEW ERA」(©make a dream/Yumechika Records, 2013) ／MV - a crowd of rebellion「The Crow」(©Warner Music Japan Inc., 2015) ／VP - Recruit Lifestyle「AirREGI case studies」(©Recruit Lifestyle, 2014) ／VP - point「.st」(©point inc., 2014) ／VP - toto「GROWING / Japan's National Rugby Team」(©JAPAN SPORT COUNCIL, 2015) ／MV - MAN WITH A MISSION「Wake Myself Again」(©Nippon Crown Co., Ltd., 2013) ／MV - マキシマム ザ ホルモン「鬱くしき人々のうた」(©VAP Inc.) ／CM- 東京モード学園「宣戦布告」(©Mode Gakuen, 2015) ／MV - Crossfaith「We Are The Future」(©Sony Music Artists Inc., 2013) ／TV - MTV「FXTRA EXPRESS」(©MTV Networks Japan K.K., 2016) ／MV - Crossfaith「Devil's Party」(©Sony Music Labels Inc., 2015) ／MV - coldrain「Gone」(©VAP, 2015) ／VP - Recruit Holdings「RECRUIT革命 / OFFICE MOVIE」(©Recruit Holdings Co.,Ltd., 2015)]

株式会社オムニバス・ジャパン　OMNIBUS JAPAN Inc.

AR連動大型ビジョン作品 -「Exist Simultaneously」新宿クリエイターズ・フェスタ 2016 ユニカビジョン (©supersymmetry OMNIBUS JAPAN Inc., 2016)

株式会社 ランハンシャ　Run-Hun,sha Co.,Ltd.

軍艦島デジタルミュージアム Amaging HASHIMA (©Zero-Ten, 2016)

サンカク　sankaku

MV - Kidkanevil ft. Cuushe & Submerse「Butterfly/Satellite」Director: sankaku

株式会社スプーン　Spoon Inc.

Web Movie - Spoon Movie (©Spoon Inc., 2014) Director: Koichi Iguchi

ステディ株式会社　STEADY Inc.

TVドラマ オープニングタイトル - NHK大河ドラマ オープニングタイトル「おんな城主 直虎」(©NHK, 2016) ／VP - SKY TREK コンセプトムービー (©SETOUCHI HOLDINGS, INC. All rights reserved., 2016)

サンディ株式会社　Sundy inc.

Web -「SKY MISSION Concept Talk WITH Shin Takamatsu」(©PRINCIPAL HOME.co., 2016) ／Web -「琴浦じゃないと。第1話」(©KOTOURA TOWN, 2016)

TOKYO

CM - adidas「BACK」(2016) ／Web Movie - NIKE JORDAN「MUSEUM 23 TOKYO」(2016) ／MV - Young Juvenile Youth「Animation」(2016) ／MV - きゃりーぱみゅぱみゅ「原宿いやほい」(2017) ／TV - Eテレ TECNE「njica」(2016) ／Web Movie - 日清食品 チキンラーメン「INSTANT BUZZ」(2016)

株式会社ティモテ　TYMOTE

Showreel

TYO drive

Installation - Amazon Fashion Week TOKYO Opening Installation (©Amazon.com, Inc. or its affiliates, 2016) ／TV-CM - 凸版印刷 企業「IMAGINE2020 Printed By TOPPAN」(©TOPPAN PRINTING CO., LTD., 2016) ／Web Movie - 企業広告「Tire Kimono」(©Toyo Tire & Rubber Co., Ltd., 2014)

株式会社ワイズ　wise inc.

Showreel - [Short Movie - Dusk (©wise inc., 2012) ／Original VR Game - 眠れぬ魂 (©wise inc., 2017) ／Short Animation - CRY-MAX (©Sion Yamada, 2013) ／Short Movie - Horizon (©wise inc., 2015) ／Short Movie & VR Movie - Car VR (©wise inc., 2016)]

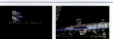

ワウ株式会社　WOW inc.

360° VR, Installation - Tokyo Light Odyssey (©WOW inc., 2016) ／Installation - 東京駅グランルーフ「Light on Train」(2016) ／Installation - SHISEIDO ULTIMUNE 2nd ANNIVERSARY EVENT「wind form _02」(2016) ／Projection Mapping, Web Movie - Beyond the Dream (©Japan Racing Association, 2016)

271

映像作家100人+100

Japanese Motion Graphic Creators

2017年3月17日　初版第一刷発行

編集：庄野祐輔・古屋蔵人(HOEDOWN)・いしいこうた(HOEDOWN)・石井早耶香
編集協力：塚田有那・石澤秀次郎
イラストレーション：大川久志 (p12-13)
協力：山本加奈
表紙デザイン：前田晃伸・撮影：小林広和
本文デザイン：庄野祐輔・いしいこうた(HOEDOWN)

発行人：上原哲郎
発行所：株式会社ビー・エヌ・エヌ新社
〒150-0022
東京都渋谷区恵比寿南一丁目20番6号
Fax: 03-5725-1511
E-mail: info@bnn.co.jp

印刷：シナノ印刷株式会社

©2017 BNN, Inc.
ISBN978-4-8025-1051-6
Printed in Japan

※ 本書の一部または全部について、著作権上㈱ビー・エヌ・エヌ新社および著作権者の承諾を得ずに無断で複写、複製することは禁じられております。
※ 本書についての電話でのお問い合わせには一切応じられません。ご質問等ございましたら、氏名と連絡先を明記の上、FaxまたはE-mailにてご連絡下さい。
※ 乱丁本・落丁本はお取り替えいたします。FaxまたはE-mailにてご連絡下さい。
※ 定価はカバーに記載しております。